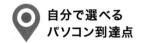
自分で選べる
パソコン到達点

これからはじめる

ワードの本

Office 2021 / 2019 / Microsoft 365 対応版

技術評論社

本書の特徴

● 最初から通して読むと、体系的な知識・操作が身につきます
● 読みたいところから読んでも、個別の知識・操作が身につきます
● ダウンロードした練習ファイルを使って学習できます

▶ 本書の使い方

本文は、 01 、 02 、 03 …の順番に手順が並んでいます。 この順番で操作を行ってください。
それぞれの手順には、 ❶、 ❷、 ❸…のように、 数字が入っています。
この数字は、 操作画面内にも対応する数字があり、 操作を行う場所と、 操作内容を示しています。

◉ この章で学ぶこと

具体的な操作方法を解説する章の冒頭の見開きでは、その章で学習する内容をダイジェストで説明しています。このページを見て、これからやることのイメージを掴んでから、実際の操作にとりかかりましょう。

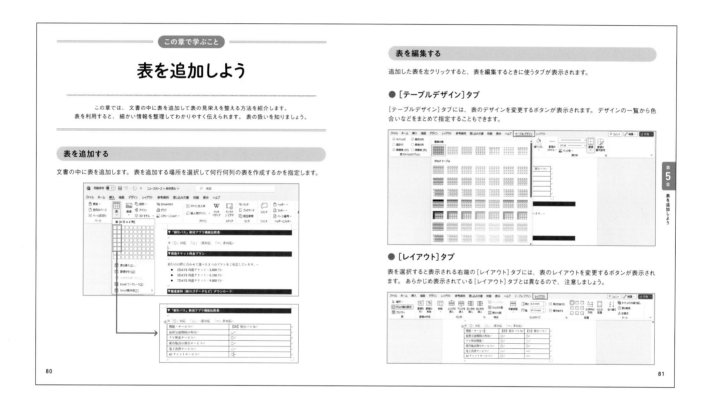

動作環境について

- 本書は、Word 2021 / Word 2019、およびMicrosoft 365のWordを対象に、操作方法を解説しています。
- 本文に掲載している画像は、Windows 11とWord 2021の組み合わせで作成しています。Word 2019では、操作や画面に多少の違いがある場合があります。詳しくは、本文中の補足解説を参照してください。
- Windows 11以外のWindowsを使って、Word 2021やWord 2019、またはMicrosoft 365のWordを動作させている場合は、画面の色やデザインなどに多少の違いがある場合があります。

練習ファイルの使い方

▶ 練習ファイルについて

本書の解説に使用しているサンプルファイルは、以下のURLからダウンロードできます。

> https://gihyo.jp/book/2024/978-4-297-13931-5/support

練習ファイルと完成ファイルは、レッスンごとに分けて用意されています。たとえば、「2-3　文字を削除・追加しよう」の練習ファイルは、「02-03a」という名前のファイルです。また、完成ファイルは、「02-03b」という名前のファイルです。

▶ 練習ファイルをダウンロードして展開する

ブラウザー（ここではMicrosoft Edge）を起動して、上記のURLを入力し❶、 Enter キーを押します❷。

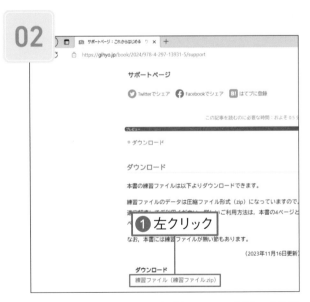

表示されたページにある［ダウンロード］欄の［練習ファイル］を左クリックします❶。

03

ファイルがダウンロードされます。[ファイルを開く]を
左クリックします❶。

04

エクスプローラーの画面が開くので、表示されたフォ
ルダーを左クリックして❶、デスクトップの何もない
ところにドラッグします❷。

05

展開されたフォルダーがデスクトップに表示されます。
× を左クリックして❶、エクスプローラーを閉じます。

06

デスクトップ上のフォルダーをダブルクリックします
❶。エクスプローラーの画面が開いて、フォルダー
の内部が表示されます。フォルダの1つ(ここでは
「03」)をダブルクリックします❷。

07

レッスンごとに、練習ファイル(末尾が「a」のファイル)
と完成ファイル(末尾が「b」のファイル)が表示されま
す。ダブルクリックすると❶、ワードで開くことができ
ます。

08

練習ファイルを開いたとき、図のようなメッセージが
表示された場合は、[編集を有効にする]を左クリッ
クすると❶、メッセージが閉じて、本書の操作を行う
ことができます。

Contents

Chapter 3 文字の見た目を変えよう

Chapter 4 文書のレイアウトを整えよう

Chapter 5 表を追加しよう

Chapter 6 イラストや画像を追加しよう

Chapter 7 図形を描こう

Chapter 8 印刷しよう

1

ワードの基本操作を
身に付けよう

この章では、ワードを使うときに知っておきたい基本操作を紹介します。ワードを起動して、画面各部の名称や役割を知りましょう。文書の保存や、保存した文書を開くなどのファイル操作も確認します。今後の基本となる操作なのでしっかりマスターしましょう。

練習ファイル　なし　　完成ファイル　なし

ワードを起動・終了しよう

スタートメニューからワードを起動して、白紙の文書を表示しましょう。
文書を作成する準備をします。また、ワードを終了する方法も紹介します。

01 スタートメニューを表示する

▦（[スタート] ボタン）を左クリックします❶。 すべてのアプリ > を左クリックします❷。

02 ワードを起動する

マウスポインターをスタートメニューの中に移動し❶、マウスホイールを回転させて❷、スタートメニューの下を表示します。 W Word を左クリックします❸。

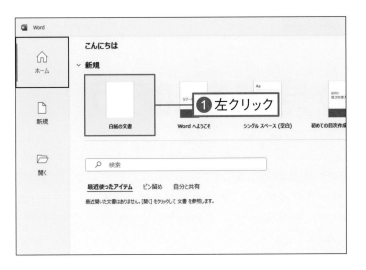

03 新規文書を作成する

ワードが起動しました。 白紙の文書 を左クリックします❶。

04 ワードを終了する

白紙の文書が作成されました。 ウィンドウの右上の ⊠ ([閉じる] ボタン) を左クリックし❶、 ワードを終了します。

Check!

終了時にメッセージが表示された場合

手順 04 で ⊠ ([閉じる] ボタン) を左クリックしたときに、 右のような画面が表示される場合があります。 これは、 マイクロソフトアカウントでサインインしていて (15ページMemo参照)、 文書を保存せずにワードを終了しようとしたときに表示されるメッセージです。 OneDrive やパソコン内にファイルを保存するときに使用します。 16ページで紹介する方法でファイルを保存するには その他のオプション... を左クリックします❶。

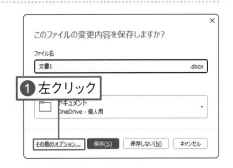

練習ファイル なし　完成ファイル なし

ワードの画面の見方を知ろう

ワードの画面各部の名称と役割を確認しましょう。
なお、画面の表示内容は、ウィンドウの大きさなどによって異なる場合もあります。

ワードの画面構成

① タイトルバー　② クイックアクセスツールバー　③ ユーザーアカウント　④ [閉じる] ボタン

⑤ タブ　⑥ リボン　⑧ 文字カーソル

⑨ マウスポインター

⑩ スクロールバー

⑦ 文書ウィンドウ　⑪ 入力モードアイコン

14

❶ タイトルバー

文書の名前が表示されるところです。

❷ クイックアクセスツールバー

よく使う機能のボタンが並んでいます。機能のボタンを追加することもできます。クイックアクセスツールバーが表示されていない場合は、いずれかのタブを右クリックし、[クイックアクセスツールバーを表示する] を左クリックします。

❸ ユーザーアカウント

マイクロソフトアカウントでOfficeソフトにサインインしているとき、アカウントの氏名が表示されます。サインインしていない場合は、 サインイン を左クリックしてサインインできます。

> **Memo**
>
> マイクロソフトアカウントとは、マイクロソフト社が提供するさまざまなサービスを利用するときに使うアカウントです。無料で取得できます。ワードなどのOfficeソフトにマイクロソフトアカウントでサインインすると、OneDriveというインターネット上のファイル保存スペースにファイルを保存できます。

❹ [閉じる] ボタン

ワードを終了するときに使います。

❺ タブ／❻ リボン

ワードで実行する機能が、タブごとに分類され、リボンに表示されます。

❼ 文書ウィンドウ

文書を作成する用紙です。文字を入力したり文書を編集したりするときは、この中で行います。

❽ 文字カーソル

文字の入力を始める位置を示しています。ペン先と考えるとわかりやすいでしょう。

❾ マウスポインター

マウスの位置を示しています。マウスポインターの形はマウスの位置によって変わります。

❿ スクロールバー

縦方向のスクロールバーをドラッグすると、文書を上下にずらせます。横方向のスクロールバーをドラッグすると、文書を左右にずらせます。マウスホイールを回転することでもスクロールバーが動きます。

⓫ 入力モードアイコン

画面下のタスクバーに日本語入力モードの状態が表示されます。 あ と表示されているときは日本語入力が有効です。ここはワードの画面の一部ではありませんが、文字を入力するときに重要な部分なので覚えておきましょう。

練習ファイル なし　完成ファイル なし

文書を保存しよう

文書を、またあとで開いて使えるようにするには、文書を保存しておく必要があります。
文書を保存するときは、保存する場所と、文書の名前（ファイル名）を指定します。

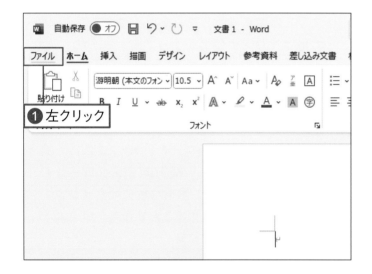

01 文書を保存する 準備をする

［ファイル］タブを左クリックします❶。
Backstageビューが表示されます。

Memo

［ファイル］タブを左クリックすると、ファイルの基本
操作などを行うBackstageビューという画面が表示
されます。Backstageビューに表示される内容は、
ワードのバージョンによって若干異なります。

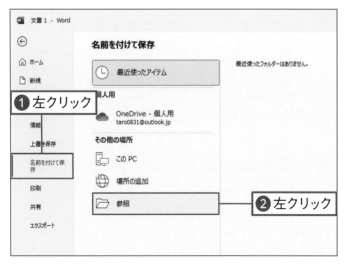

02 文書を保存する 画面を開く

名前を付けて保存 を左クリックします❶。 参照 を左
クリックします❷。

Memo

ここでは、［ドキュメント］フォルダーに「保存の練習」
という名前で文書を保存します。

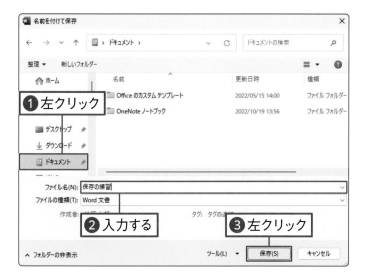

03 名前を付けて保存する

[ドキュメント] を左クリックします❶。[ファイル名]の欄にファイルの名前を入力します❷。[保存(S)] を左クリックします❸。

Memo

[名前を付けて保存]の画面にフォルダー一覧が表示されていない場合は、画面の左下の [▼ フォルダーの参照(B)] を左クリックします。

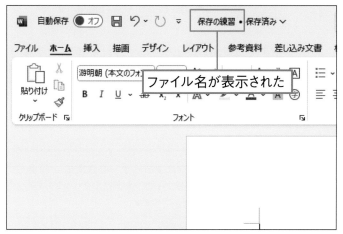

04 文書が保存された

文書が保存されました。タイトルバーにファイル名が表示されます。13ページの方法でワードを終了します。

Memo

文書は、ファイルという単位で保存されます。

Check!

ファイルを上書き保存する

一度保存した文書を修正したあと、更新して保存するには、クイックアクセスツールバーの 🖫([上書き保存]ボタン)を左クリックします❶。すると、文書が上書き保存されます。

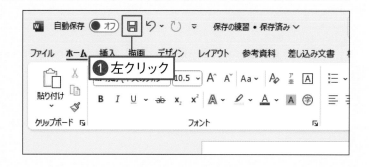

保存した文書を開こう

保存した文書を呼び出して表示することを、 文書を開くといいます。
ここでは、 17ページで保存した「保存の練習」という名前の文書を開いてみましょう。

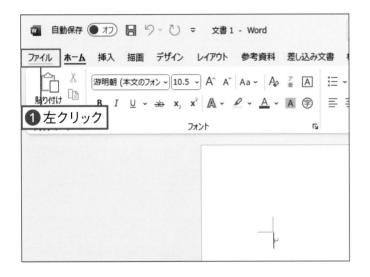

01 文書を開く準備をする

12ページの方法で、 ワードを起動しておきます。 [ファイル]タブを左クリックします❶。
Backstageビューが表示されます。

> **Memo**
>
> デスクトップやエクスプローラーの画面で、 保存した文書のファイルのアイコンをダブルクリックしても、 ファイルを開くことができます。

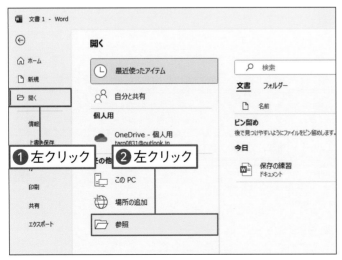

02 文書を開く画面を表示する

🗁 開く を左クリックし❶、 🗁 参照 を左クリックします❷。

> **Memo**
>
> Backstageビュー（16ページMemo参照）の画面を閉じて元の画面に戻るには、 画面左上の ⬅ を左クリックします。

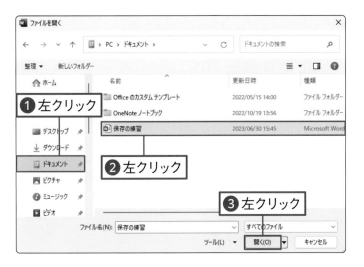

03 文書を開く

[ドキュメント] を左クリックし❶、 開くファイルを
左クリックします❷。 [開く(O)] を左クリックし
ます❸。

04 文書が開いた

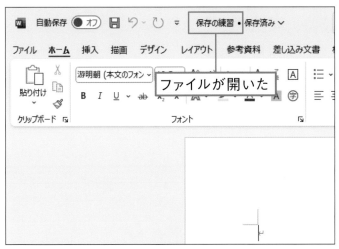

文書が開きました。 タイトルバーにファイル
名が表示されます。

> **Memo**
> ワードを起動した直後に表示される画面の左側に表
> 示される 🗀 ([開く] ボタン) を左クリックしても、 ファ
> イルを開くことができます。

Check!

[最近使ったアイテム] からファイルを開く

手順 02 の画面で [🕒 最近使ったアイテム] を左クリック
すると❶、 最近使用したファイルの一覧
が表示されます。 開きたいファイルが表示
されている場合、 ファイル名を左クリック
すると❷、 ファイルが開きます。

第1章 練習問題

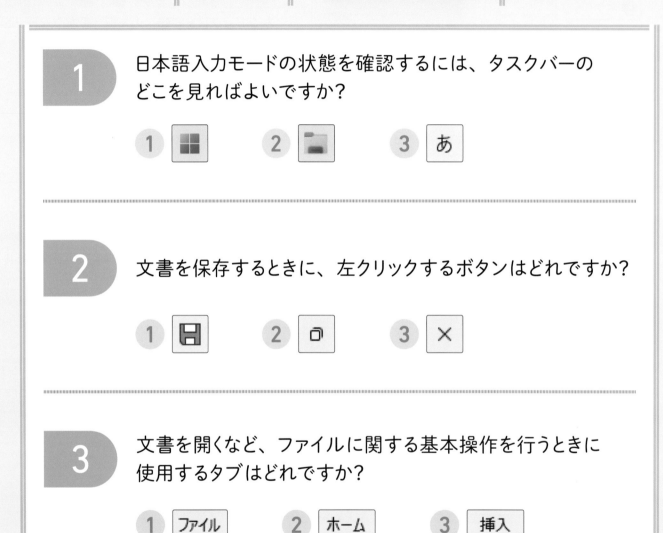

1 日本語入力モードの状態を確認するには、タスクバーのどこを見ればよいですか?

1 ![Windowsアイコン] 2 ![フォルダーアイコン] 3 あ

2 文書を保存するときに、左クリックするボタンはどれですか?

1 ![保存アイコン] 2 ![コピーアイコン] 3 ✕

3 文書を開くなど、ファイルに関する基本操作を行うときに使用するタブはどれですか?

1 ファイル 2 ホーム 3 挿入

文字を
入力・編集しよう

この章では、ワードで文字を入力するときの基本操作を
紹介します。ワードでは、文字の入力中に入力を支援す
る機能が働きます。入力支援機能を利用して手早く文字
を入力するコツを知りましょう。また、文字を移動した
りコピーしたりして貼り付ける方法も解説します。

文字を入力・編集しよう

この章では、ワードで文字を入力したり修正したりするときの基本操作を紹介します。
また、入力支援機能を利用して文章を効率よく入力する方法も知りましょう。

文字を入力する

文書で伝えたい内容を入力します。間違って入力した文字は、削除して修正します。また、文字を別の場所に移動したり、コピーしたりしながら文字を手早く入力しましょう。

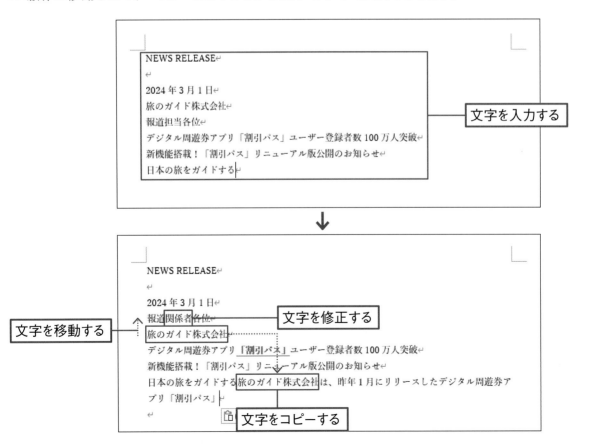

入力支援機能を利用する

ワードでは、文字の入力中に、文字の入力を支援するさまざまな機能が働きます。たとえば、別記事項をまとめて入力するため、「記」の文字を入力すると、「以上」の文字が自動的に入力されて文字の配置が整えられます。

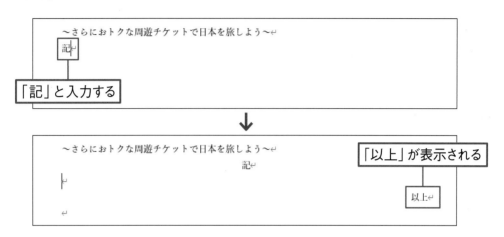

記号を入力する

キーボードに表示されていない記号を入力するには、記号の読みを入力して変換する方法があります。よく使う記号の入力方法を知っておきましょう。

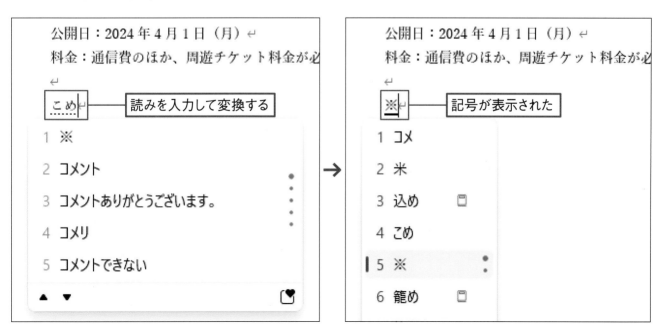

23

文字を入力しよう

本書では、例として、自社のニュースを伝えるニュースリリースの文書を作成します。
まずは、発信日や発信者、タイトルやリード文などの必要な情報を入力します。

英字を入力する

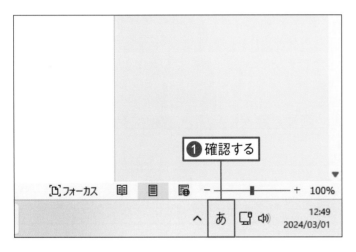

01 日本語入力モードを確認する

ワードを起動し、新しい文書を準備します。タスクバーに あ と表示されているか確認します❶。表示が A の場合は、 半角/全角 キーを押して日本語入力モードをオンにします。

> **Memo**
> 半角/全角 キーを押すと、日本語入力モードのオンとオフを交互に切り替えられます。

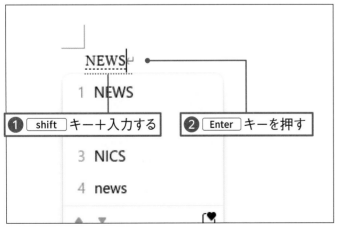

02 英字を入力する

Shift キーを押しながら、「NEWS」と入力し❶、 Enter キーを押します❷。

> **Memo**
> 日本語入力モードがオフの状態で英字を入力するには、アルファベットのキーを押します。大文字を入力するには Shift キーを押しながらアルファベットのキー（ここでは、 N E W S ）を押します。

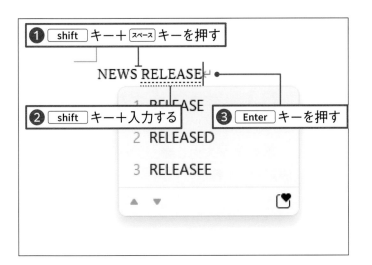

03 続きを入力する

Shift キーを押しながら スペース キーを押します❶。 続いて、 Shift キーを押しながら「RELEASE」と入力し❷、 Enter キーを押します❸。

空白行を入れる

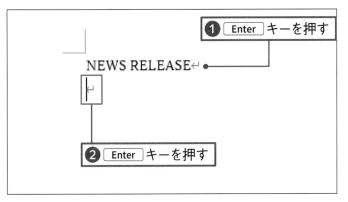

01 改行する

もう一度、 Enter キーを押します❶。 次の行の行頭にカーソルが移動します。 もう一度、 Enter キーを押します❷。

02 空白行が入った

次の行の行頭に文字カーソルが移動しました。 空白行が入りました。

日付を入力する

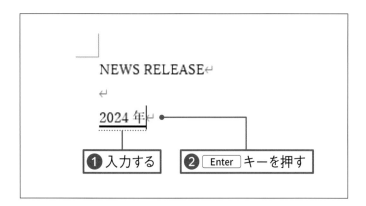

01 年を入力する

今年の年を入力し❶、 Enter キーを押して決定します❷。

Memo
和暦の日付を入力するには、「令和」のように現在の年号を入力して Enter キーを押します。

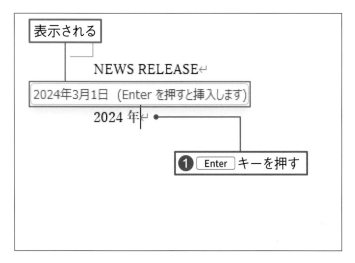

02 日付が表示される

今日の日付が表示されます。 Enter キーを押します❶。

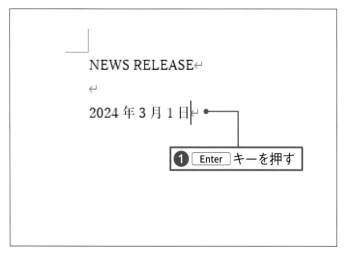

03 日付が入力された

今日の日付が入力できました。 Enter キーを押して改行します❶。

Memo
日付が入力されずに改行されてしまう場合は、手順 02 の状態で Enter キーを押さずに F3 キーを押して入力します。

続きの文字を入力する

① 入力する　**② Enter キーを押す**

01 発信者を入力する

発信者を入力し①、Enter キーを押して改行します②。

> **Memo**
>
> 本書では、ローマ字入力で文字を入力する方法を紹介します。かな入力で文字を入力するには、あ を右クリックし、かな入力(オフ) を左クリックします。

① 入力する　**② Enter キーを押す**

02 宛先を入力する

宛先を入力し①、Enter キーを押して改行します②。

> **Memo**
>
> 発信者のあとに宛名を入力していますが、宛名の文字列は、あとで移動します。ここでは、とりあえず左のように文字を入力しておきます。

NEWS RELEASE↵

2024 年 3 月 1 日↵
旅のガイド株式会社↵
報道担当各位↵
デジタル周遊券アプリ「割引パス」ユーザー登録者数 100 万人突破↵
新機能搭載！「割引パス」リニューアル版公開のお知らせ↵
日本の旅をガイドする↵

① 入力する

03 続きの文章を入力する

タイトルとリード文の一部を左のように入力します①。

> **Memo**
>
> 改行した箇所には、↵ が表示されます。なお、↵ の次の行から次の ↵ までを段落と言います。文字の配置などは、段落単位で指定できます。

練習ファイル 02-02a　完成ファイル なし

文字を選択しよう

文字に飾りを付けたり、 文字を移動したりするには、 最初に対象の文字を選択します。
文字単位や行単位で選択する方法を知りましょう。 複数箇所を同時に選択することもできます。

文字を選択する

NEWS RELEASE
❶移動する
2024 年 3 月 1 日
旅のガイド株式会社
報道担当各位
デジタル周遊券アプリ 「割引パス」 ユーザー登
新機能搭載！ 「割引パス」 リニューアル版公開
日本の旅をガイドする

01 マウスポインターを移動する

文字単位で文字を選択します。 選択する文字の左端にマウスポインターを移動します❶。

Memo
単語を選択するには、 単語内の文字のいずれかをダブルクリックする方法もあります。

NEWS RELEASE
↵
2024 年 3 月 1 日
旅の ガイド株式会社
報道担当各位
デジタル周遊券アプリ 「割引パス」 ユーザー登
❶ドラッグ　載　文字が選択された　ューアル版公開
日本の旅をガイドする

02 文字を選択する

選択する文字 (ここでは 「旅の」) をドラッグします❶。 選択した文字はグレーになって表示されます。

Memo
文書内の何もないところを左クリックすると、 文字の選択を解除できます。

行単位で選択する

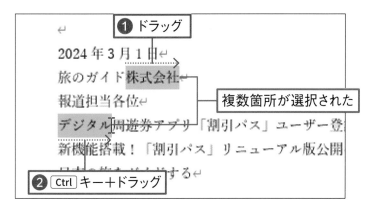

01 行を選択する

選択したい行の左側の余白部分を左クリックします❶。行全体が選択されます。

離れた場所を同時に選択する

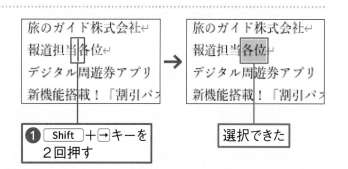

01 複数箇所を選択する

選択する文字（ここでは「株式会社」）をドラッグします❶。Ctrlキーを押しながら、同時に選択する文字（ここでは「デジタル」）をドラッグします❷。複数箇所が選択されます。

Check!

キーボードで選択する

キー操作で文字を選択するには、Shiftキーを押しながら↑↓←→キーを押します。すると、文字カーソルのある位置を基準に文字を選択できます。たとえば、Shiftキーを押しながら→キーを2回押すと❶、文字カーソルがある場所の右側にある2文字を選択できます。

文字を削除・追加しよう

間違えて入力した文字を修正するには、 文字を削除して入力し直します。
ここでは、 宛先に含まれる文字の「担当」を「関係者」に修正します。

文字を削除する

2024 年 3 月 1 日↵
旅のガイド株式会社↵
報道担当各位↵
デジタル周遊券アプリ「割引パス」ユーザー登
新機能搭載！「割引パス」リニューアル版公開
❶左クリック　ガイ　❷ Delete キーを2回押す

01 文字カーソルを移動する

消したい文字の左側を左クリックし❶、 文字カーソルを移動します。 Delete キーを2回押します❷。

Memo
指定した範囲をまとめて削除するには、 削除する範囲を選択したあと、 Delete キーを押します。

2024 年 3 月 1 日↵
旅のガイド株式会社↵
報道各位↵
デジタル周遊券アプリ「割引パス」ユーザー登
新機能搭載！「割引パス」リニューアル版公開
文字が消えた ガイドする↵

02 文字を削除する

文字カーソルの右側の2文字 (ここでは「担当」) が消えます。

Memo
Back space キーを押すと、 文字カーソルの左側の文字が消えます。

文字を追加する

2024 年 3 月 1 日
旅のガイド株式会社
報道各位
デジタル周遊券アプリ「割引パス」ユーザー登
新機能搭載！「割引パス」リニューアル版公開
❶ 左クリック ガイドする

01 文字カーソルを移動する

文字を追加する場所を左クリックし❶、文字カーソルを移動します。

2024 年 3 月 1 日
旅のガイド株式会社
報道関係者各位
デジタル周遊券アプリ「割引パス」ユーザー登
新機能搭載！「割引パス」リニューアル版公開
❶ 入力する とが **文字が追加された**

02 文字を入力する

文字を入力します❶。文字が追加されました。

Check!

操作を元に戻す

間違ってデータを消してしまった場合などは、あわてずにクイックアクセスツールバーの 🔄（［元に戻す］ボタン）を左クリックします❶。すると、操作を行う前の状態に戻せます。🔄 を左クリックするたびに、さらに前の状態に戻ります。

操作を元に戻しすぎてしまった場合は、🔄（［やり直し］ボタン）を左クリックすると、元に戻す前の状態に戻せます。なお、🔄 は、🔄 を押すと表示されます。🔄 を押す前は、直前の操作を繰り返す時に使う 🔄（［繰り返し］ボタン）が表示されています。

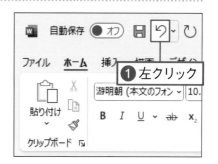

練習ファイル 02-04a　完成ファイル 02-04b

文字をコピーしよう

既に入力してある文字を別の場所にコピーして文字を入力します。
コピーする文字を選択してコピーしたあとに、コピー先を指定して貼り付けの操作をします。

---

01 文字を選択する

コピーする文字をドラッグして選択します❶。

Memo
ここでは、発信者の「旅のガイド株式会社」の文字をコピーしてリード文に追加します。

---

02 文字をコピーする

[ホーム]タブの（[コピー]ボタン）を左クリックします❶。文字がコピーされます。

Memo
ショートカットキーでコピー操作をするには、Ctrl キーを押しながら C キーを押します。

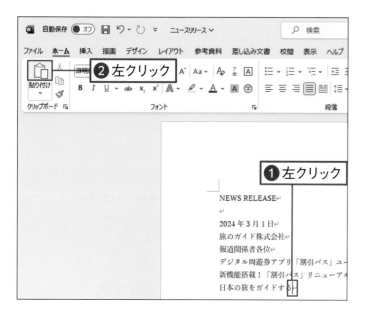

03 文字を貼り付ける

コピー先を左クリックします❶。[ホーム]タブの ▤([貼り付け]ボタン)を左クリックします❷。

> **Memo**
> ショートカットキーで貼り付けの操作をするには、Ctrl キーを押しながら V キーを押します。

04 文字が貼り付けられた

手順 02 でコピーした文字が貼り付きます。

> **Memo**
> 文字を貼り付けた直後に表示される ▤(Ctrl)▾([貼り付けのオプション]ボタン)を左クリックすると、貼り付ける形式を選択できます。詳しくは35ページのCheck!を参照してください。

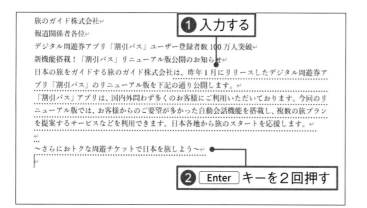

05 続きを入力する

続きの文字を入力し❶、Enter キーを2回押して改行します❷。

> **Memo**
> 「〜」は、Shift キーを押しながら ⌃ のキーを押して入力します。

練習ファイル 02-05a ｜ 完成ファイル 02-05b

文字を移動しよう

既に入力してある文字を切り取って、別の場所に移動します。
移動する文字を選択して切り取ったあとに、移動先を指定して貼り付けの操作をします。

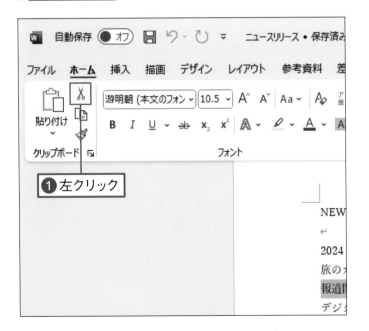

01 文字を選択する

移動する文字を選択します。ここでは、宛先の行の左側の余白部分を左クリックし❶、行全体を選択します。

02 文字を切り取る

[ホーム] タブの ✂ ([切り取り] ボタン) を左クリックします❶。選択していた文字が切り取られます。

> **Memo**
> ショートカットキーで切り取りの操作をするには、
> Ctrl キーを押しながら X キーを押します。

❶左クリック

❷左クリック

移動できた

03 文字を貼り付ける

貼り付け先を左クリックします❶。［ホーム］タブの（［貼り付け］ボタン）を左クリックします❷。

> **Memo**
>
> ショートカットキーで貼り付けの操作をするには、[Ctrl]キーを押しながら[V]キーを押します。

04 文字が移動した

手順 02 で切り取った文字が貼り付けられ、移動します。

Check!

貼り付ける形式を選択する

文字を移動したりコピーしたりするとき、文字を貼り付けた直後に表示される（［貼り付けのオプション］ボタン）を左クリックすると、貼り付ける形式を選択できます。たとえば、文字飾りが付いている文字をコピーして貼り付けたとき、（［貼り付けのオプション］ボタン）を左クリックし❶、（［テキストのみ保持］）を左クリックすると❷、文字飾りなどを省いた文字情報だけを貼り付けられます。

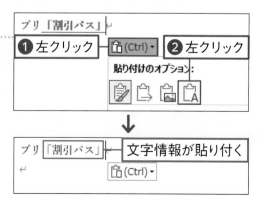

❶左クリック　**❷左クリック**

貼り付けのオプション:

文字情報が貼り付く

別記事項を入力しよう

ワードで文字を入力すると、 入力支援機能が働く場合があります。
ここでは、 入力オートフォーマットの機能を利用して「記」に対応する「以上」を入力します。

---

01 文字カーソルを移動する

文章の最後の行を左クリックし❶、文字カーソルを移動します。

---

02 「記」を入力する

「記」と入力します❶。 [Enter] キーを押します❷。

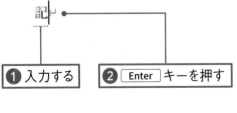

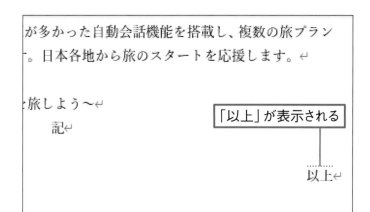

「以上」が表示される

03 「以上」が表示される

「記」の2行下に「以上」の文字が自動で入力されます。「記」は中央揃えに、「以上」は右揃えになります。

① 入力する

② Enter キーを2回押す

04 続きを入力する

別記事項の内容を入力します❶。 Enter キーを2回押して空白行を入れます❷。

Check!

入力オートフォーマットについて

入力オートフォーマット機能とは、 入力した文字に応じて、 次に入力する内容を自動で入力したり、 文書の見た目を整えたりする機能です。 たとえば、 右の表のようなものがあります。

入力する内容	自動で入力される内容	補足
拝啓 (改行)	敬具	「敬具」は、 右揃えになる
前略 (改行)	草々	「草々」は、 右揃えになる
記 (改行)	以上	「以上」は、 右揃えになる
1. (文字+改行)	2.	次の行の行頭に段落番号が表示される
・ (スペース+文字+改行)	・	次の行の行頭に箇条書きの記号が表示される
--- (改行)	罫線	段落の下に罫線が表示される

❶「拝啓」を入力+ Enter キーを押す

「敬具」が自動的に表示される

記号や特殊文字を入力しよう

キーボードに表示されていない記号を入力するには、記号の読みを入力して変換します。
「※」や「★」などのよく使う記号の読みを覚えておきましょう。

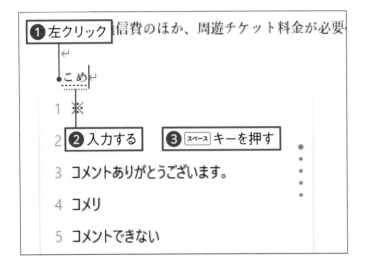

01 「※」の読みを入力する

記号を入力する箇所を左クリックし❶、記号の読み（ここでは「こめ」）を入力します❷。スペース キーを押します❸。

Memo

文字を入力したときに表示される変換候補の中に入力したい文字がある場合、[↑][↓]キーで変換候補を選択して [Enter] キーで入力することもできます。

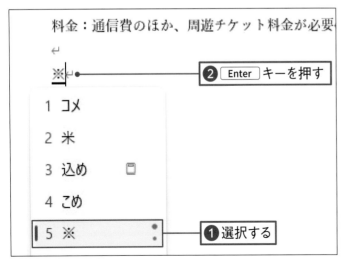

02 「※」を選択する

スペース キーを何度か押して、「※」の変換候補を選択します❶。 [Enter] キーを押して決定します❷。

Memo

記号の読み方がわからない場合は、「きごう」と入力して変換する方法もあります。

03 「※」が表示される

「※」の文字が入力できました。

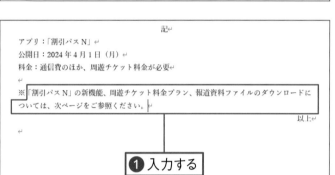

❶ 入力する

04 続きを入力する

続きの文字を入力します❶。

Memo

「まる」「さんかく」「しかく」と入力して変換すると「●」「△」「◇」などの記号を入力できます。「★」は「ほし」、「〒」は「ゆうびん」と入力して変換します。

Check!

特殊な記号や文字を入力する

特殊な記号や文字を入力するには、［挿入］タブの 記号と特殊文字 を左クリックし❶、 Ω その他の記号(M)... を左クリックします❷。表示される画面で［記号と特殊文字］タブを左クリックし、フォントを指定して記号や文字を選択します。または、［特殊文字］タブを左クリックして入力する記号や文字を選択します❸。 挿入(I) を左クリックすると❹、文字カーソルの位置に記号が入力されます。ただし、特殊な記号や文字は、他のパソコンで正しく表示されない場合もあるので注意が必要です。

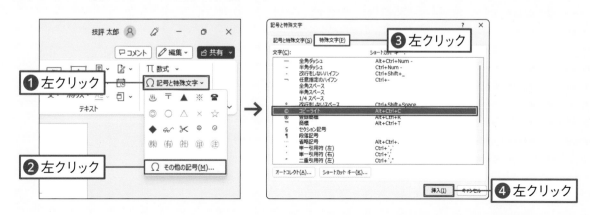

1 文字を入力する位置を示す文字カーソルはどれですか?

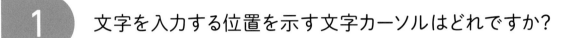

2 入力した文字を漢字に変換したあと、決定するときに押すキーはどれですか?

① スペース キー　　② Enter キー　　③ Delete キー

3 選択した文字をコピーするときは、どのボタンを左クリックしますか?

① 　　② 　　③

文字の見た目を
変えよう

この章では、第2章で入力した文字の見た目を変更する
方法を紹介します。ニュースリリースのタイトルの文字
の形や大きさを変更したり、文字や文字の背景に色をつ
けたりします。文書の中でも注目してほしい箇所が目立
つように工夫しましょう。

文字の見た目を変えよう

この章では、文字の形（フォント）や大きさなどを変更する書式について紹介します。
ニュースリリースのタイトルを目立たせたり、リード文の重要箇所を強調します。

文字に飾りを付ける

文字が目立つように、文字に飾りを付けます。文字に飾りを付けるには、[ホーム]タブのボタンを使います。複数の飾りを設定することもできます。

新機能搭載！「割引パス」リニューアル版公開のお知らせ

日本の旅をガイドする旅のガイド株式会社は、昨年1月にリリースしたデジタル周遊券アプリ『割引パス』のリニューアル版を下記の通り公開します。

「割引パス」アプリは、国内外問わず多くのお客様にご利用いただいております。今回のリニューアル版では、お客様からのご要望が多かった自動会話機能を搭載し、複数の旅プランを提案するサービスなどを利用できます。日本各地から旅のスタートを応援します。

新機能搭載！「割引パス」リニューアル版公開のお知らせ

日本の旅をガイドする旅のガイド株式会社は、**昨年1月にリリースしたデジタル周遊券アプリ『割引パス』のリニューアル版を下記の通り公開します。**

「割引パス」アプリは、国内外問わず多くのお客様にご利用いただいております。今回のリニューアル版では、お客様からのご要望が多かった自動会話機能を搭載し、複数の旅プランを提案するサービスなどを利用できます。日本各地から旅のスタートを応援します。

文字に派手な飾りを付ける

文字の輪郭に色を付けたり、文字に影を付けたりするには、文字の効果を設定する方法があります。
一覧から文字の効果を選択できます。

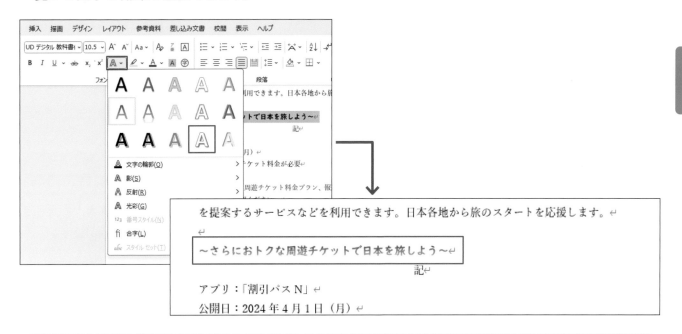

書式をコピーする

文字に設定した飾りを別の文字にも設定したい場合、文字の書式だけをコピーすることができます。
文字の内容はそのままで、飾りだけをコピーできます。

書式とは

文書のタイトルを目立たせたり、 文字の配置を整えたりするには、 書式を設定します。
書式には、 いくつかの種類があります。 ここでは、 文字書式や段落書式を紹介します。

書式とは

文字を強調したり、 文字の配置を調整したりして文書の見栄えを整える設定のことを「書式」と言います。 書式には、 文字単位で設定する文字書式や、 段落単位で設定する段落書式などがあります。

文字 ＋ 書式 ＝ 表示が変わる

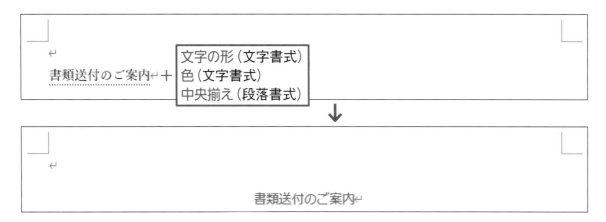

書式設定のタイミング

文書を作成するときは、 一般的に、 まず文字を入力して内容を指定します。 続いて、 文字や段落を選択したあとに書式を設定して文書の体裁を整えます。

❶ 文字の入力
❷ 文字や段落を選択
❸ 書式設定

文字書式とは

文字書式とは、文字に対して設定する書式のことです。文字の形（フォント）や大きさ、色、太字、下線などの書式があります。文字を選択し、［ホーム］タブの［フォント］の □（［ダイアログボックス起動ツール］）を左クリックすると、文字書式をまとめて設定できる画面が表示されます。

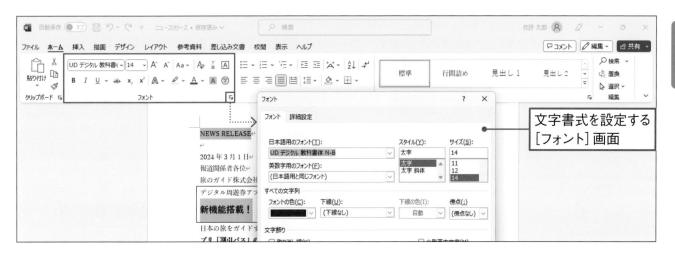

文字書式を設定する
［フォント］画面

段落書式とは

段落書式とは、段落に対して設定する書式のことです。段落とは、↵ の次の行から次の ↵ までのまとまった単位のことです。段落書式には、文字の配置、文字の字下げなどがあります。段落を選択し、［ホーム］タブの［段落］の □（［ダイアログボックス起動ツール］）を左クリックすると、段落書式をまとめて設定できる画面が表示されます。段落書式は、第4章で詳しく紹介します。

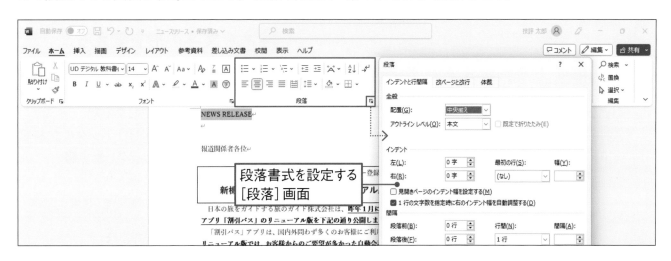

段落書式を設定する
［段落］画面

文字の形（フォント）と 大きさを変えよう

文字の形のことを、フォントと言います。フォントを指定すると文字の雰囲気が変わります。
文字を選択してから、文字のフォントや大きさを変更して、文字を目立たせましょう。

文字の形（フォント）を変える

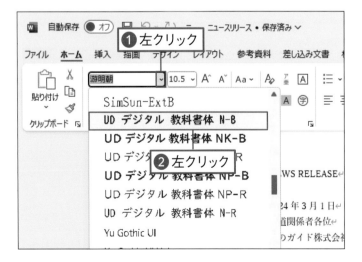

01 文字を選択する

文字の形（フォント）を変える文字を選択します。ここでは、行の左側の余白部分を左クリックし❶、行全体を選択します。

Memo
文字を選択する方法は、28ページを参照してください。

02 文字の形を変える

［ホーム］タブの 游明朝（本文のフォン ✓ （［フォント］）の右側の ✓ を左クリックします❶。メニューから文字の形（ここでは［UDデジタル教科書体N-B］）を選んで左クリックします❷。

Memo
一覧に表示されるフォントの種類は、使用しているWindowsのバージョンや、パソコンに入っているアプリの種類によって異なります。

文字の大きさを変える

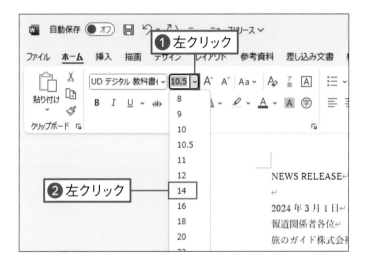

01 文字を選択する

大きさを変える文字を選択します。ここでは、行の左側の余白部分を左クリックし❶、行全体を選択します。

02 文字の大きさを変える

[ホーム]タブの 10.5 ✓（[フォントサイズ]）の右側の ✓ を左クリックします❶。メニューから文字の大きさ（ここでは「14」）を選んで左クリックします❷。

> **Memo**
> 文字の大きさは、ポイントという単位で指定します。1ポイントは約0.35mm（1/72インチ）なので10ポイントで3.5mmくらいの大きさです。

03 文字の大きさが変わった

文字の形（フォント）や大きさが変わりました。

> **Memo**
> 同様の方法で、「〜さらにおトクな周遊チケットで日本を旅しよう〜」の文字のフォントを[UDデジタル教科書体N-B]に変更しておきます。

文字の色を変えよう

タイトル文字をより強調するために、 文字の色を変更しましょう。
色は、 色のパレットから選択できます。 ここでは、 テーマの色の中から選択します。

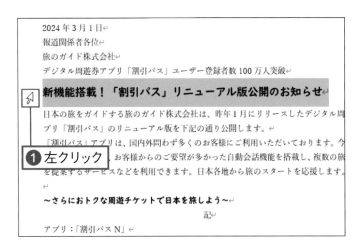

01 文字を選択する

色を変更する文字を選択します。 ここでは、 タイトルの2行目の行の左側の余白部分を左クリックし❶、 行全体を選択します。

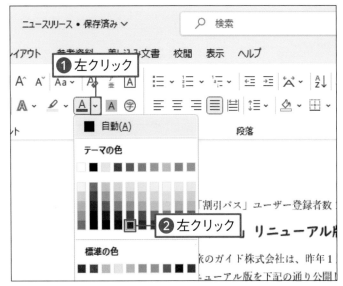

02 文字の色を変える

[ホーム] タブの A⌄ ([フォントの色] ボタン) の右側の⌄を左クリックします❶。 表示される色の一覧から好きな色 (ここでは「青、 アクセント1、 黒＋基本色50％」) を選んで左クリックします❷。

> **Memo**
>
> 文字の色を変えたあと、 元の色に戻すには、 文字を選択した状態で色の一覧の上の ■ 自動(A) ([自動]) を左クリックします。

2024 年 3 月 1 日↵
報道関係者各位↵
旅のガイド株式会社↵
デジタル周遊券アプリ「割引パス」ユーザー登録者数 100 万人突破↵

新機能搭載！「割引パス」リニューアル版公開のお知らせ

日本の旅をガイドする旅のガイド株式会社は、昨年 1 月にリリースしたデジタル周遊
プリ「割引パス」のリニューアル版を下記の通り公開します。↵

「割引パス」アプリ[文字の色が変わった]用いただいております。今
ニューアル版では、[   ]話機能を搭載し、複数の旅
を提案するサービスなどを利用できます。日本各地から旅のスタートを応援します。↵

〜さらにおトクな周遊チケットで日本を旅しよう〜↵
記↵

アプリ：「割引パス N」↵
公開日：2024 年 4 月 1 日（月）↵

03 文字の色が変わった

文字の色が指定した色に変更されます。

> **Memo**
>
> 同様の方法で、「※」から始まる補足事項の文字の色を「青、アクセント1、黒＋基本色50%」に設定します。

第 **3** 章 文字の見た目を変えよう

Check!

テーマについて

ワードでは、文書全体のデザインをかんたんに整えられるようにデザインのテーマが用意されています。テーマには、文字の形（フォント）や色、図形の質感などの書式の組み合わせが登録されています。テーマを選択するには、[デザイン]タブの 🖼 ([テーマ]ボタン）を左クリックし❶、適用したいテーマを左クリックします❷。なお、手順 02 で文字の色を選択するとき、[テーマの色]の中から選択しました。その場合、テーマを変更すると、テーマに応じて文字の色が変わります。テーマに影響されない色を使いたい場合は[標準の色]から選択します。

49

練習ファイル 03-04a　完成ファイル 03-04b

文字を太字や下線付きにしよう

強調したい文字を目立たせるために、文字に太字や下線の飾りを付けます。
太字や下線は、太字や下線のボタンを左クリックするたびにオンとオフを切り替えられます。

文字を太字にする

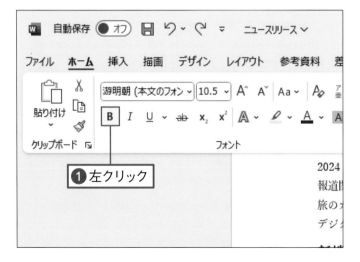

① ドラッグ

① 左クリック

01 文字を選択する

太字にする文字をドラッグして選択します❶。

02 文字を太字にする

［ホーム］タブの B（［太字］ボタン）を左クリックします❶。すると、文字が太字になります。

> **Memo**
>
> 太字を解除するには、太字の文字を選択して、［ホーム］タブの B（［太字］ボタン）を左クリックします。

文字に下線を付ける

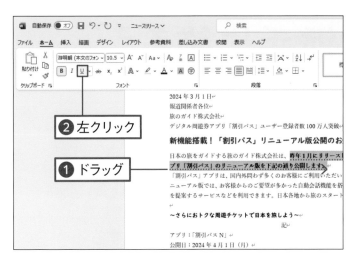

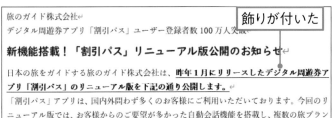

飾りが付いた

01 文字に下線を付ける

下線を付ける文字をドラッグして選択します❶。[ホーム]タブの $\underline{U}$([下線]ボタン)を左クリックします❷。

第3章 文字の見た目を変えよう

> **Memo**
>
> [ホーム]タブの I([斜体]ボタン)を左クリックすると、文字を斜めに傾ける斜体の飾りを付けられます。文字のフォントによっては、斜体の飾りがつかないものもあります。

02 文字に飾りが付いた

文字に下線の飾りが付きました。

Check!

複数の飾りをまとめて設定する

複数の飾りをまとめて設定するには、飾りを付ける文字をドラッグして選択し❶、[ホーム]タブの[フォント]の $\boxed{\ulcorner}$([ダイアログボックス起動ツール])を左クリックします❷。表示される画面で飾りの内容を指定し❸、 OK を左クリックします❹。

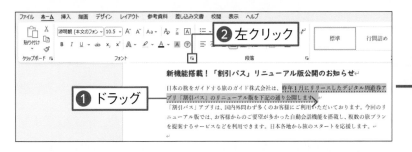

練習ファイル 03-05a　完成ファイル 03-05b

文字をもっと派手に飾ろう

文字に派手な飾りを付けるには、文字の効果を設定する方法があります。
文字の縁取りや影、文字を立体的に見せる飾りなどをかんたんに設定できます。

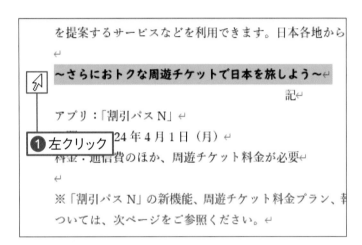

01 文字を選択する

派手な飾りを付ける文字を選択します。ここでは、行の左側の余白部分を左クリックして行ごと選択します❶。

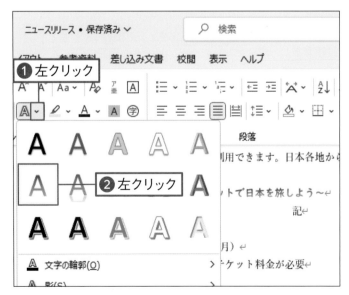

02 文字の効果を選択する

[ホーム] タブの A～（[文字の効果と体裁] ボタン）の右側の ～ を左クリックします❶。飾りのスタイルの一覧から気に入ったスタイル（ここでは「塗りつぶし（グラデーション）、灰色」）を選び左クリックします❷。

を提案するサービスなどを利用できます。日本各地から↵

～さらにおトクな周遊チケットで日本を旅しよう～↵

記↵

アプリ：「割引パス N」↵

公開日：2024 年 [飾りが付いた]

料金：通信費のほか、周遊チケット料金が必要↵

↵

※「割引パス N」の新機能、周遊チケット料金プラン、
ついては、次ページをご参照ください。↵

03 飾りが設定された

文字に派手な飾りがつきました。

Check!

書式をまとめて解除する

複数の書式をまとめて解除するには、書式を
解除する箇所をドラッグして選択し❶、［ホー
ム］タブの ⚿（［すべての書式をクリア］ボタ
ン）を左クリックします❷。すると、書式がま
とめて削除されます。

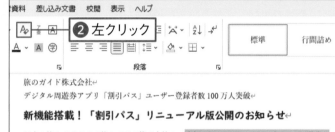

❶ ドラッグ

❷ 左クリック

資料　差し込み文書　校閲　表示　ヘルプ

標準　　行間詰め

段落

旅のガイド株式会社↵
デジタル周遊券アプリ「割引パス」ユーザー登録者数 100 万人突破↵

新機能搭載！「割引パス」リニューアル版公開のお知らせ↵

日本の旅をガイドする旅のガイド株式会社は、昨年1月にリリースしたデジタル周遊券ア
プリ「割引パス」のリニューアル版を下記の通り公開します。
「割引パス」アプリは、国内外問わず多くのお客様にご利用いただいております。今回のリ
ニューアル版では、お客様からのご要望が多かった自動会話機能を搭載し、複数の旅プラン
を提案するサービスなどを利用できます。日本各地から旅のスタートを応援します。↵

↵

～さらにおトクな周遊チケットで日本を旅しよう～↵

書式が削除された

旅のガイド株式会社↵
デジタル周遊券アプリ「割引パス」ユーザー登録者数 100 万人突破↵

新機能搭載！「割引パス」リニューアル版公開のお知らせ↵

日本の旅をガイドする旅のガイド株式会社は、昨年1月にリリースしたデジタル周遊券ア
プリ「割引パス」のリニューアル版を下記の通り公開します。
「割引パス」アプリは、国内外問わず多くのお客様にご利用いただいております。今回のリ
ニューアル版では、お客様からのご要望が多かった自動会話機能を搭載し、複数の旅プラン
を提案するサービスなどを利用できます。日本各地から旅のスタートを応援します。↵

～さらにおトクな周遊チケットで日本を旅しよう～↵

練習ファイル 03-06a　完成ファイル 03-06b

段落の周囲に区切り線を引こう

タイトルが入力されている段落の上下左右に区切り線を引きます。
タイトルの段落を選択してから、線を引く場所を選択します。

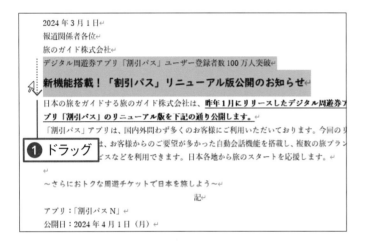

01 段落全体を選択する

区切り線を引く段落全体を選択します。ここでは、タイトル行の左側の余白部分を縦方向にドラッグします❶。

02 線の種類を選ぶ

[ホーム]タブの ⊞∨（[罫線]ボタン）の右側の ∨ を左クリックします❶。 ⊞ 外枠(S) を左クリックします❷。

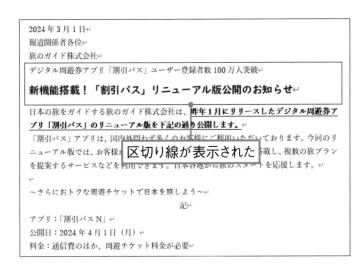

03 区切り線が引けた

タイトル行の上下左右に区切り線が表示されます。

Check!

区切り線の色や種類を指定する

区切り線の色や種類を選択するには、手順 02 で 線種とページ罫線と網かけの設定(O)... を左クリックします。すると、区切り線の種類や色を指定する画面が表示されます。[種類]の一覧から区切り線の種類を、[色]の ✓ を左クリックして色を、[線の太さ]の右側の ✓ を左クリックして区切り線の太さを選択し❶、右側の枠で線を引く場所を左クリックして指定します❷。 OK を左クリックすると❸、指定した区切り線が引かれます。

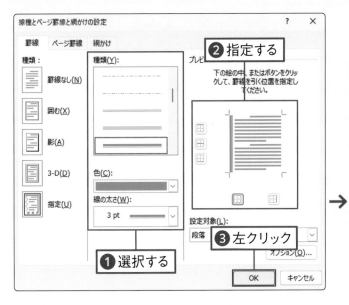

文字の背景に色を付けよう

文字の背景部分に色を付けましょう。
ここでは、 文字を選択して、 選択している文字の背景だけに色を付けます。

01 文字を選択する

背景に色を付ける文字（ここでは「NEWS RELEASE」）をドラッグして選択します❶。

02 設定画面を表示する

[ホーム]タブの ⊞▾（[罫線]ボタン）の右側の ▾ を左クリックします❶。
📄 線種とページ罫線と網かけの設定(O)... を左クリックします❷。

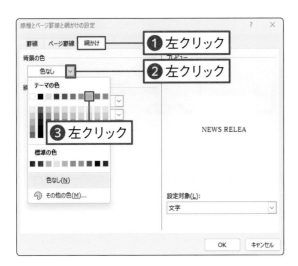

03 文字の背景の色を選択する

[網かけ] タブを左クリックします❶。[背景の色] の ⌄ を左クリックし❷、好きな色（ここでは [ゴールド、アクセント4]）を左クリックします❸。

Memo
背景の色に指定した色によっては、文字が見づらくなるため、文字の色が自動的に変わる場合があります。

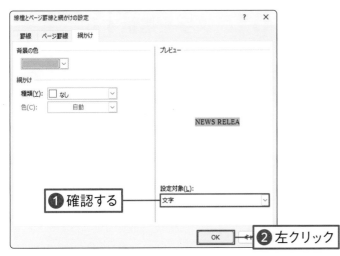

04 設定を完了する

[設定対象] が [文字] になっていることを確認します❶。 OK を左クリックします❷。

Memo
[設定対象] を [段落] に指定すると、選択している段落全体の背景に色が設定されます。

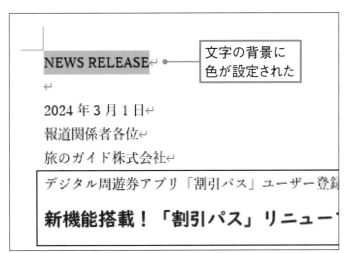

05 文字の背景に色が付いた

文字の背景に、指定した色が設定されます。

Memo
文字の背景に色を付ける場合は、[ホーム] タブの （[塗りつぶし] ボタン）の右側の ⌄ を左クリックして色を選択する方法もあります。

文字の書式をコピーしよう

文字に設定した飾りと同じ飾りを別の文字に設定するには、文字の書式をコピーします。
複数の書式が設定されている場合でも、書式の設定をまとめてコピーできます。

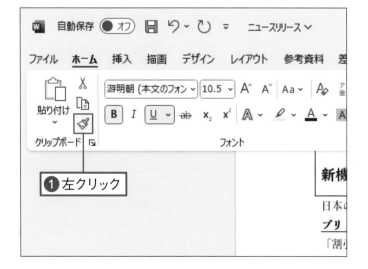

01 文字を選択する

コピーしたい書式が設定されている文字（ここでは「1月」）をドラッグして選択します❶。

02 書式をコピーする

[ホーム]タブの（[書式コピー]ボタン）を左クリックします❶。

Memo
書式のコピーや貼り付けを中止したいときは Esc キーを押します。

新機能搭載！「割引パス」リニューアル版公開のお知らせ

日本の旅をガイドする旅のガイド株式会社は、昨年1月にリリースしたデジタル周遊券アプリ「割引パス」のリニューアル版を下記の通り公開します。

「割引パス」アプリは、国内外問わず多くのお客様にご利用いただいております。今回のリニューアル版では、お客様からのご要望が多かった自動会話機能を搭載し、複数の旅プランを提案するサービスなどを利用できます。日本各地から旅のスタートを応援します。

～さらにおトクな周遊チケットで日本を旅しよう～

① ドラッグ

アプリ：「割引パスN」
公開日：2024年4月1日（月）
料金：通信費のほか、周遊チケット料金が必要

※「割引パスN」の新機能、周遊チケット料金プラン、報道資料ファイルのダウンロードに

新機能搭載！「割引パス」リニューアル版公開のお知らせ

日本の旅をガイドする旅のガイド株式会社は、昨年1月にリリースしたデジタル周遊券アプリ「割引パス」のリニューアル版を下記の通り公開します。

「割引パス」アプリは、国内外問わず多くのお客様にご利用いただいております。今回のリニューアル版では、お客様からのご要望が多かった自動会話機能を搭載し、複数の旅プランを提案するサービスなどを利用できます。日本各地から旅のスタートを応援します。

～さらにおトクな周遊チケットで日本を旅しよう～

書式がコピーされた

アプリ：「割引パスN」
公開日：2024年4月1日（月）
料金：通信費のほか、周遊チケット料金が必要

※「割引パスN」の新機能、周遊チケット料金プラン、報道資料ファイルのダウンロードに

03 コピー先を選択する

マウスポインターの形がハケの形に変わります。書式のコピー先の文字をドラッグします①。

04 書式がコピーされた

書式がコピーされました。

Check!

書式を連続コピーする

複数の箇所に書式を連続してコピーするには、手順 02 で［ホーム］タブの（［書式コピー］ボタン）をダブルクリックします①。すると、（［書式コピー］ボタン）が押された状態で固定されます。その状態でドラッグ操作を繰り返すと書式を連続コピーできます②③。書式コピーの操作を終えるには、Esc キーを押します。

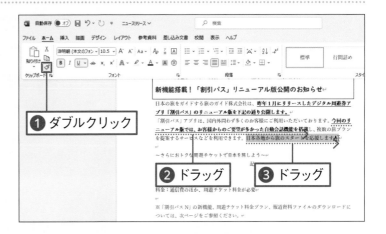

① ダブルクリック

② ドラッグ　**③ ドラッグ**

第3章 練習問題

1 文字の形（フォント）や色を変更するときに、最初にすることは何でしょう?

- ① 飾りの種類を選択する
- ② 文字を選択する
- ③ スペース キーを押す

2 文字に下線を付けるときに、左クリックするボタンはどれですか?

① **B**   ② *I*   ③ U̲

3 文字の書式をコピーするときに、左クリックするボタンはどれですか?

①   ②    ③

文書のレイアウトを整えよう

この章では、文字の配置を変更して全体のレイアウトを整える方法を紹介します。タイトルは中央に、日付や発信者の情報は右に揃えます。また、別記事項をわかりやすく表示するために箇条書きの書式を設定したり、項目名の文字を均等に揃えたりします。

文書のレイアウトを整えよう

この章では、主に段落に対して設定する段落書式について紹介します。
段落書式を設定し、文字の配置などを調整します。文書全体のレイアウトを整えましょう。

段落書式

段落書式とは、段落に対して設定する書式です。段落とは、↵ の次の行から次の ↵ までのまとまった単位のことです。段落書式には、文字の配置や字下げの設定などがあります。段落書式を設定するときは、対象の段落内を左クリックして段落を選択してから操作します。複数の段落を選択する場合は、段落の左側の余白部分をドラッグして複数の段落を選択します。

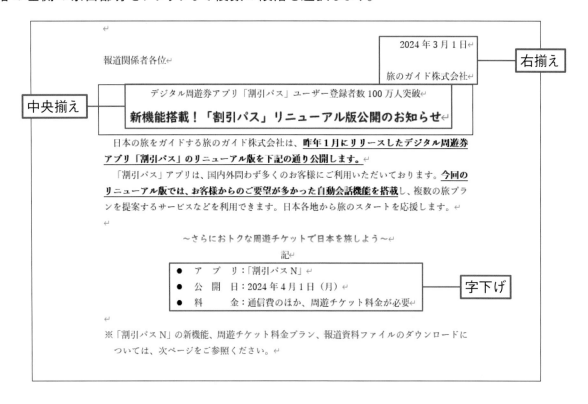

ルーラーを確認する

行の先頭位置を調整するときは、ルーラーという目盛を表示すると、かんたんに操作できます。 ルーラーという目盛を使って字下げ位置を調整する方法を知りましょう。

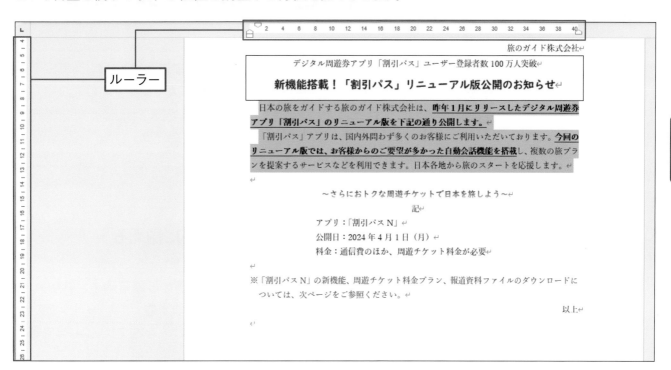

箇条書きの設定をする

別記事項などを列記する場合は、 項目の段落部分を選択して、 箇条書きのスタイルを適用するとよいでしょう。 先頭に記号を付けて見やすく表示できます。

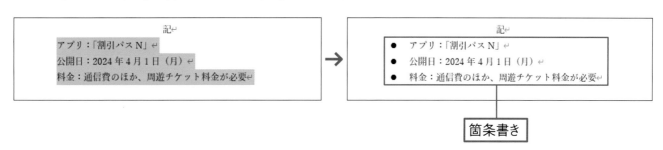

文字を中央や右に揃えよう

文書のタイトルを中央に、発信日や発信者を右揃えにして、文字の配置を整えます。
文字の配置は、段落単位で設定できます。最初に、段落を選択してから操作します。

文字を中央に揃える

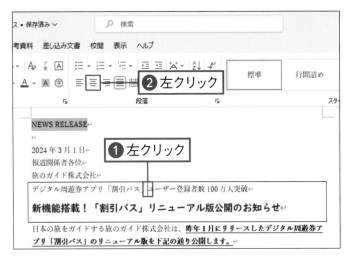

01 中央に揃える

文字の配置を変更する段落内を左クリックして、段落を選択します❶。［ホーム］タブの ☰（［中央揃え］ボタン）を左クリックします❷。

Memo

複数の段落の文字の配置を選択するには、選択する段落の左側の余白を縦方向にドラッグして複数の段落を選択してから操作します。

02 中央に揃った

選択していた段落の文字が中央に配置されます。

Memo

手順 01 と同様の方法で、タイトルの2行目の段落（「新機能搭載！…」）と別記事項の上の段落（「〜さらにおトクな …」）を中央揃えにしておきます。

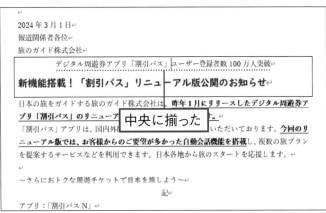

文字を右に揃える

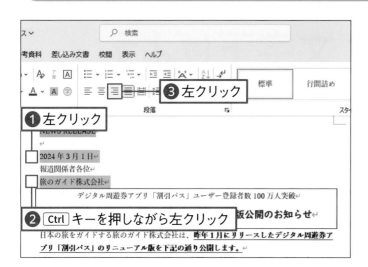

01 右に揃える

文字の配置を変更する段落の左側の余白を左クリックして選択します❶。 次に文字の配置を変更する段落の左側の余白を、[Ctrl]キーを押しながら左クリックします❷。[ホーム]タブの国（[右揃え]ボタン）を左クリックします❸。

第4章 文書のレイアウトを整えよう

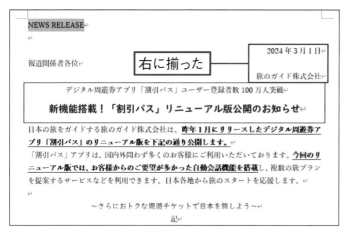

02 右に揃った

選択していた段落の文字が右側に配置されます。

Check!

配置を元に戻す

段落の配置は、標準では両端揃えになっています。 文字の配置を元に戻すには、対象の段落を選択し、国（[両端揃え]ボタン）を左クリックします❶。 または、[ホーム]タブで選択されている国（[中央揃え]ボタン）や国（[右揃え]ボタン）を左クリックします。

先頭の行を1文字下げよう

練習ファイル 04-02a　完成ファイル 04-02b

段落の先頭行だけ1文字下げるには、1行目のインデントの位置を指定します。
ここでは、ルーラーという目盛を表示して操作します。

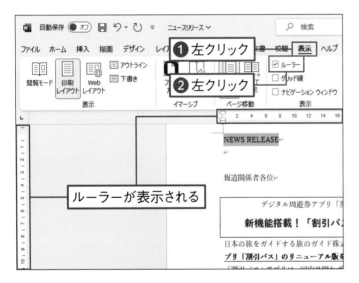

01 ルーラーを表示する

［表示］タブを左クリックします❶。 □ルーラー を左クリックしてチェックを付けます❷。 すると、ルーラーが表示されます。

Memo

ルーラーとは、文字や図形などの配置を指定したり、位置を調整したりするときの目安にする目盛です。 ［表示］タブの □ルーラー を左クリックすると、ルーラーの表示／非表示を切り替えられます。

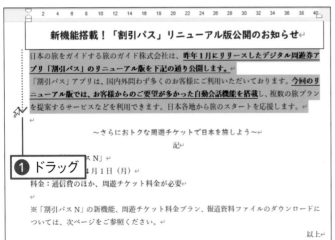

02 段落を選択する

先頭行の位置を字下げする段落の左側の余白部分をドラッグして選択します❶。

電脳会議

紙面版 DENNOUKAIGI **一切無料**

今が旬の書籍情報を満載して
お送りします！

『電脳会議』は、年6回刊行の無料情報誌です。2023年10月発行のVol.221よりリニューアルし、**A4判・32頁カラー**に**ボリュームアップ**。弊社発行の新刊・近刊書籍や、注目の書籍を担当編集者らが紹介しています。今後は図書目録はなくなり、『電脳会議』上で弊社書籍ラインナップや最新情報などをご紹介していきます。新しくなった『電脳会議』にご期待下さい。

大幅増ページで ボリュームアップ！

◆ 電子書籍・雑誌を読んでみよう!

技術評論社　GDP　　　検索

で検索、もしくは左のQRコード・下の
URLからアクセスできます。

https://gihyo.jp/dp

1 アカウントを登録後、ログインします。
【外部サービス(Google、Facebook、Yahoo!JAPAN)
でもログイン可能】

2 ラインナップは入門書から専門書、
趣味書まで 3,500点以上!

3 購入したい書籍を 🛒カート に入れます。

4 お支払いは「**PayPal**」にて決済します。

5 さあ、電子書籍の
読書スタートです!

も電子版で読める!

電子版定期購読が
お得に楽しめる!

くわしくは、
「Gihyo Digital Publishing」
のトップページをご覧ください。

電子書籍をプレゼントしよう!

ihyo Digital Publishing でお買い求めいただける特定の商
と引き替えが可能な、ギフトコードをご購入いただけるようにな
ました。おすすめの電子書籍や電子雑誌を贈ってみませんか?

こんなシーンで…　　●ご入学のお祝いに　●新社会人への贈り物に
　　　　　　　　　　　　●イベントやコンテストのプレゼントに　………

ギフトコードとは?　Gihyo Digital Publishing で販売してい
商品と引き替えできるクーポンコードです。コードと商品は一
一で結びつけられています。

わしいご利用方法は、「Gihyo Digital Publishing」をご覧ください。

電脳会議
紙面版

新規送付の
お申し込みは…

電脳会議事務局　　検索

で検索、もしくは以下の QR コード・URL から
登録をお願いします。

https://gihyo.jp/site/inquiry/dennou

一切無料！

「電脳会議」紙面版の送付は送料含め費用は
一切無料です。
登録時の個人情報の取扱については、株式
会社技術評論社のプライバシーポリシーに準
じます。

技術評論社のプライバシーポリシー
はこちらを検索。

https://gihyo.jp/site/policy/

技術評論社　電脳会議事務局
〒162-0846　東京都新宿区市谷左内町21-13

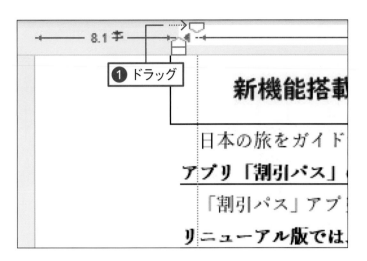

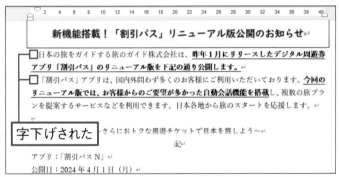

字下げされた

03 先頭位置を字下げする

ルーラーの ▽（［1行目のインデント］マーカー）を右にドラッグします❶。ここでは、1文字分字下げします。

> **Memo**
> インデントマーカーをドラッグするとき、Alt キーを押しながらドラッグすると、何文字分字下げをするか、文字数の目安がルーラー上に表示されます。

04 先頭行が字下げされた

段落の先頭行の位置が1文字分字下げされて表示されます。

> **Memo**
> インデントとは、文章の左端や右端の位置をずらすことです。

Check!

インデントマーカーについて

ルーラーには、以下のように複数のインデントマーカーがあります。インデントマーカーをドラッグすると、選択している段落の文字の配置を変更できます。

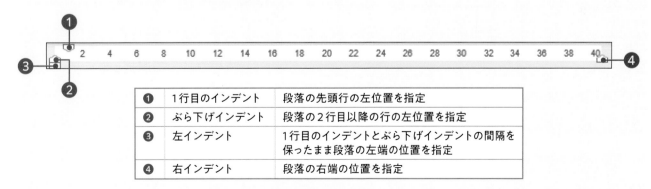

❶	1行目のインデント	段落の先頭行の左位置を指定
❷	ぶら下げインデント	段落の2行目以降の行の左位置を指定
❸	左インデント	1行目のインデントとぶら下げインデントの間隔を保ったまま段落の左端の位置を指定
❹	右インデント	段落の右端の位置を指定

段落全体を字下げしよう

項目部分の段落全体を字下げして表示します。
[ホーム] タブの [インデントを増やす] ボタンを左クリックすると、1文字分ずつ調整できます。

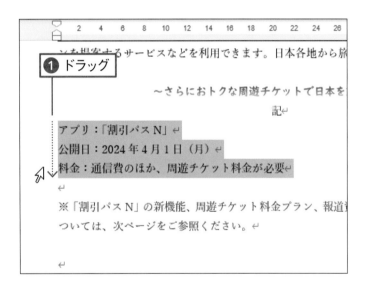

01 段落を選択する

字下げする段落の左側の余白部分を縦方向にドラッグして選択します❶。

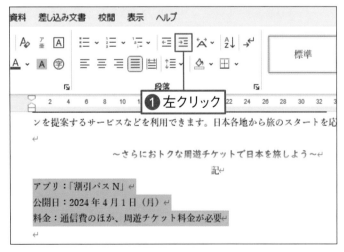

02 字下げする

[ホーム] タブの 📇（[インデントを増やす] ボタン）を左クリックします❶。

> **Memo**
> 選択している段落を字下げするには、ルーラーの □（[左インデント] マーカー）を右方向にドラッグする方法もあります。

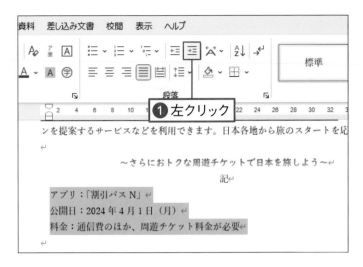

03 さらに字下げする

段落の左位置が1文字分字下げされます。
［ホーム］タブの ⊡（［インデントを増やす］
ボタン）を何度か左クリックします❶。

> **Memo**
> ⊡（［インデントを増やす］ボタン）を左クリックするた
> びに、1文字ずつ字下げされます。ルーラーの左イ
> ンデントマーカーの位置も変わります。

04 字下げされた

選択していた段落が字下げされて、左端の
文字の先頭位置が変わりました。

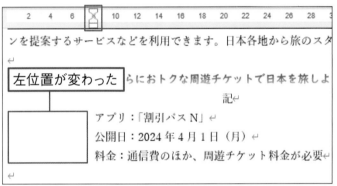

Check!

字下げ位置を元に戻す

字下げした段落を元の位置に戻すには、対
象の段落を選択し❶、［ホーム］タブの ⊡（［イ
ンデントを減らす］ボタン）を何度か左クリック
します❷。

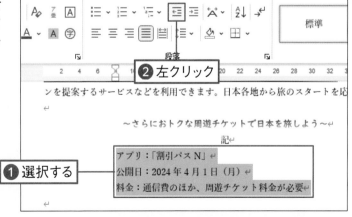

練習ファイル 04-04a　完成ファイル 04-04b

2行目以降の左位置を調整しよう

補足部分の先頭の記号がより目立つように調整します。
ここでは、［ぶら下げインデント］マーカーを使用して2行目以降を字下げします。

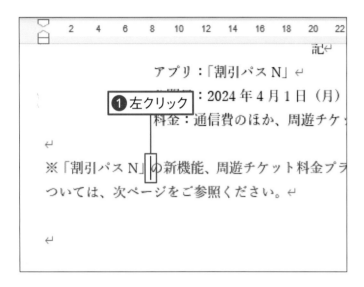

01 段落を選択する

2行目以降の位置を字下げする段落を左クリックし❶、文字カーソルを移動します。

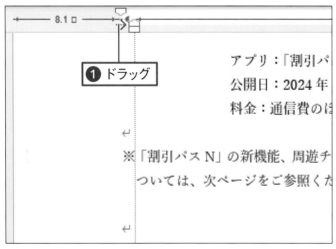

02 2行目以降を字下げする

ルーラーの △（［ぶら下げインデント］マーカー）を右にドラッグします❶。ここでは、1文字分字下げします。

Memo
インデントマーカーをドラッグするとき、［Alt］キーを押しながらドラッグすると、何文字分字下げをするか、文字数の目安がルーラー上に表示されます。

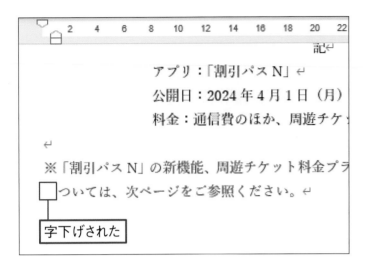

字下げされた

03 2行目以降が字下げされた

段落の2行目以降が1文字分字下げされて表示されます。

Check!

インデントの設定を元に戻す

文字の配置を変更したりインデントの設定を変更したりしたあと、設定を行った段落の末尾で Enter キーを押すと❶、以降の段落にも文字の配置やインデントの設定が引き継がれます。配置やインデントの設定を解除して標準のスタイルに戻すには、Ctrl ＋ Shift ＋ N キーを押します❷。

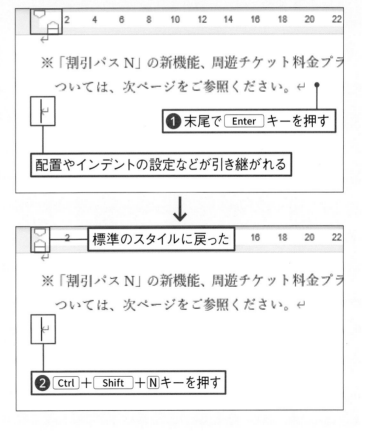

❶ 末尾で Enter キーを押す

配置やインデントの設定などが引き継がれる

標準のスタイルに戻った

❷ Ctrl ＋ Shift ＋ N キーを押す

箇条書きにしよう

別記事項として入力した項目を、箇条書きで列記します。
箇条書きの書式を設定すると、行頭に記号が付いて項目の区別がわかりやすくなります。

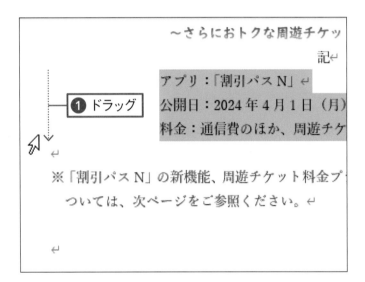

01 段落を選択する

箇条書きの書式を設定する段落の左側の余白部分を縦方向にドラッグして選択します❶。

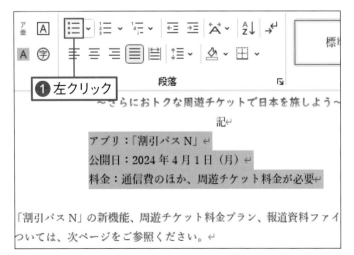

02 箇条書きの書式を設定する

［ホーム］タブの （［箇条書き］ボタン）を左クリックします❶。

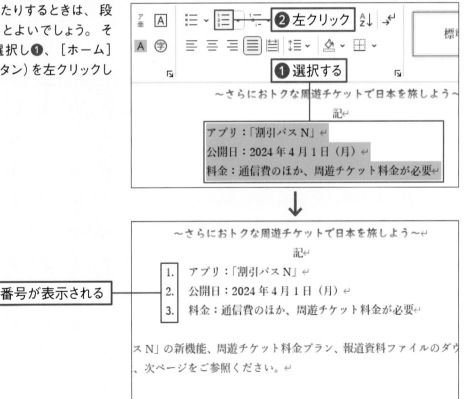

記号が付いた

03 箇条書きが設定された

箇条書きの書式が設定され、選択していた
段落の行頭に記号が表示されます。

Memo

箇条書きの設定を解除するには、段落を選択して ▤
（[箇条書き] ボタン）を左クリックします。

Check!

段落番号を表示する

手順や重要事項を列記したりするときは、段
落番号の書式を設定するとよいでしょう。そ
れには、対象の段落を選択し❶、[ホーム]
タブの ▤（[段落番号] ボタン）を左クリックし
ます❷。

❷ 左クリック

❶ 選択する

~さらにおトクな周遊チケットで日本を旅しよう~

記↵

アプリ：「割引パス N」↵
公開日：2024 年 4 月 1 日（月）↵
料金：通信費のほか、周遊チケット料金が必要↵

~さらにおトクな周遊チケットで日本を旅しよう~↵

記↵

1. アプリ：「割引パス N」↵
2. 公開日：2024 年 4 月 1 日（月）↵
3. 料金：通信費のほか、周遊チケット料金が必要↵

番号が表示される

ス N」の新機能、周遊チケット料金プラン、報道資料ファイルのダウ
、次ページをご参照ください。↵

練習ファイル 04-06a　完成ファイル 04-06b

文字を均等に揃えよう

箇条書きで表示した項目の見出しの幅を均等に揃えます。
均等割り付け機能を使って、 見出しを５文字分の幅に割り付けます。

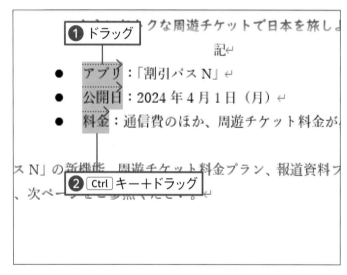

01 文字を選択する

項目名の文字をドラッグして選択します❶。
Ctrl キーを押しながら、 同時に選択する文字をドラッグして選択します❷。

Memo

複数の文字に同じ書式を設定する場合は、最初に複数の文字を選択します。複数の文字を同時に選択するには、１つ目の文字をドラッグしたあと、Ctrl キーを押しながら２つ目以降の文字をドラッグします。

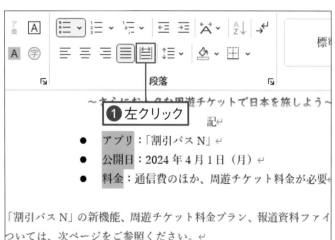

02 書式を設定する

[ホーム]タブの 圕 ([均等割り付け] ボタン)を左クリックします❶。

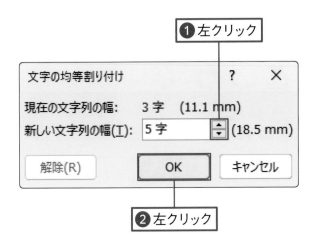

① 左クリック

文字の均等割り付け　　　　？　　✕

現在の文字列の幅：　3 字　（11.1 mm）
新しい文字列の幅(I)：　5 字　⬍　（18.5 mm）

解除(R)　　OK　　キャンセル

② 左クリック

03 文字数を指定する

［文字の均等割り付け］画面が表示されます。文字を割り付ける文字の幅（ここでは「5字」）を ⬍ を左クリックして指定します❶。 OK を左クリックします❷。

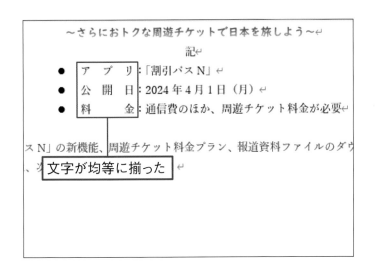

～さらにおトクな周遊チケットで日本を旅しよう～↵
記↵
● ｜ア　プ　リ｜：「割引パス N」↵
● ｜公　開　日｜：2024 年 4 月 1 日（月）↵
● ｜料　　　金｜：通信費のほか、周遊チケット料金が必要↵
ス N」の新機能、周遊チケット料金プラン、報道資料ファイルのダウ
、ジ｜文字が均等に揃った｜↵

04 文字が均等に揃った

選択した文字が 5 文字分の幅に割り付けられ、均等に揃いました。

Check!

均等割り付けを解除する

均等割り付けの書式を解除して元の状態に戻すには、手順 03 の画面で 解除(R) を左クリックします❶。

文字の均等割り付け　　　　？　　✕

現在の文字列の幅：　5 字　（18.5 mm）
新しい文字列の幅(I)：　5 字　⬍　（18.5 mm）

① 左クリック　　解除(R)　　OK　　キャンセル

区切りのよいところで改ページしよう

ページの途中で改ページの指示を入れて、次のページに文字カーソルを移動します。
また、改ページの指示を入れた箇所を確認する方法も覚えておきましょう。

改ページする

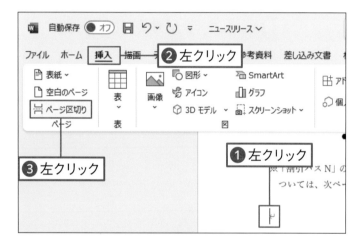

01 ページの区切りを指定する

改ページを行う箇所を左クリックして文字カーソルを移動します❶。［挿入］タブを左クリックし❷、 ページ区切り を左クリックします❸。

> **Memo**
> Ctrl + Enter キーを押しても、改ページの区切りを入れられます。

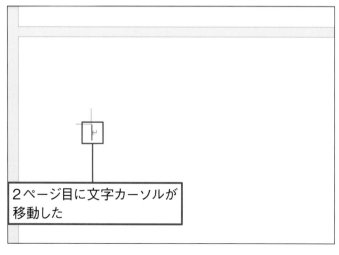

2ページ目に文字カーソルが移動した

02 改ページされた

改ページが行われ、文字カーソルが2ページ目の先頭に表示されます。

改ページ位置を確認する

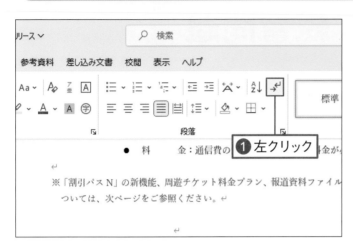

01 編集記号を表示する

［ホーム］タブの（［編集記号の表示／非表示］ボタン）を左クリックします❶。

02 編集記号が表示された

編集記号が表示されます。改ページの指示を入れた箇所を確認できます。

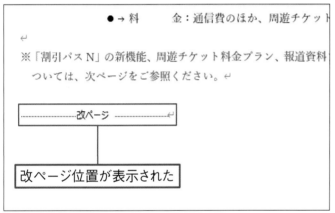

改ページ位置が表示された

<u>Check!</u>

改ページを解除する

改ページの指示を解除して元の状態に戻すには、改ページの指示を示す ……… 改ページ ……… を、Delete キーを押して削除します❶。

❶ Delete キーを押す

1 文字を右に揃えるときに、左クリックするボタンは
どれですか？

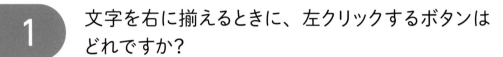

2 選択した段落の左端の位置を1文字分右側に字下げするときに、左クリックするボタンはどれですか？

3 文字を指定した文字数に均等に割り付けるときに、
左クリックするキーはどれですか？

表を追加しよう

この章では、文書に表を追加する方法を紹介します。最初に、表を作成し、表に文字を入力します。続いて、表の列幅を変更したり、表の色や文字の配置などを整えたりして、表を完成させます。行や列をあとから追加・削除する方法も解説します。

表を追加しよう

この章では、文書の中に表を追加して表の見栄えを整える方法を紹介します。
表を利用すると、細かい情報を整理してわかりやすく伝えられます。表の扱いを知りましょう。

表を追加する

文書の中に表を追加します。表を追加する場所を選択して何行何列の表を作成するかを指定します。

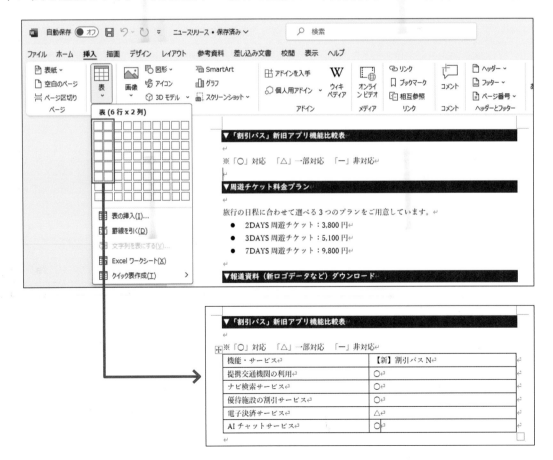

表を編集する

追加した表を左クリックすると、表を編集するときに使うタブが表示されます。

● ［テーブルデザイン］タブ

［テーブルデザイン］タブには、表のデザインを変更するボタンが表示されます。デザインの一覧から色合いなどをまとめて指定することもできます。

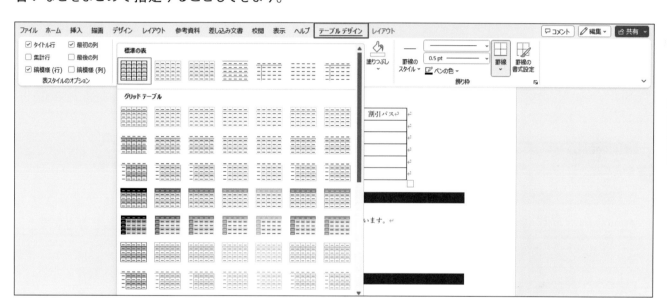

● ［レイアウト］タブ

表を選択すると表示される右端の［レイアウト］タブには、表のレイアウトを変更するボタンが表示されます。あらかじめ表示されている［レイアウト］タブとは異なるので、注意しましょう。

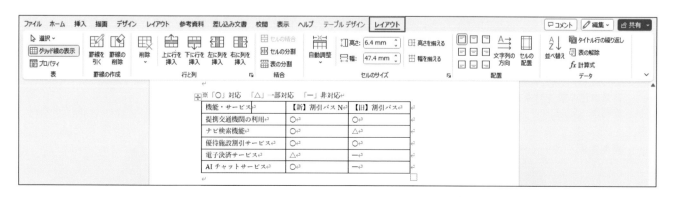

表を追加しよう

文書に表を追加します。 最初に、 何行何列の表を作成するか指定します。
表を作成したあとで、 行や列を追加したり削除したりすることもできます。

2ページ目に文字を入力しておく

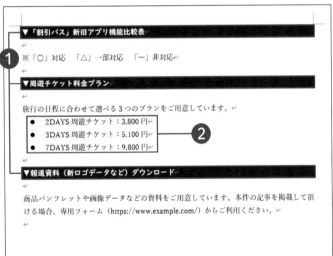

01 文字を入力して
書式を設定する

2ページ目には、 左のように文字を入力し
て、 表の内容で書式を設定しておきます。

書式の設定内容			
①	フォント	46ページ参照	UDデジタル教科書体N-B
	背景の色	56ページ参照	青、 アクセント1、 黒＋基本色50％
	背景の色の設定対象は、「段落」にします（57ページMemo参照）。 ここでは、 文字の色が自動的に変わります。		
②	インデント	68ページ参照	
	箇条書き	72ページ参照	

Memo

「〇」は「まる」、「△」は「さんかく」と、読みを入力
して変換します（39ページMemo参照）。「ー」は
ほ のキーを押します。

表を追加する

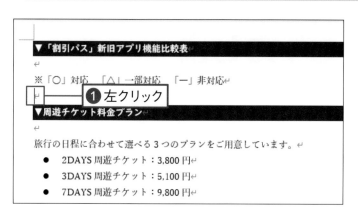

01 表を追加する準備をする

表を追加する場所を左クリックします❶。

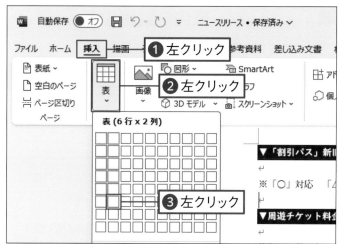

02 表を追加する

[挿入] タブを左クリックします❶。 🗔（[表の追加] ボタン）を左クリックします❷。 追加する表の行数と列数のマス目を左クリックします❸。

Memo

ここでは、6行2列の表を追加しますので、上から6つ目、左から2つ目のマス目を左クリックします。

03 表が追加された

6行2列の表が追加されました。

練習ファイル 05-02a　　完成ファイル 05-02b

表に文字を入力しよう

表に文字を入力するときは、 Tab キーで文字カーソルを移動しながら入力します。
マウスを使わずに、 キーボードの操作だけで文字を入力する方法を知りましょう。

01 表内を選択する

表の左上隅のセルを左クリックします❶。
「機能・サービス」と入力します❷。 Tab キー
を押します❸。

▼「割引パス」新旧アプリ機能比較表
❶ 左クリック
※「〇」対応　「△」一部対応　「ー」非対応
機能・サービス
❷ 入力する　　❸ Tab キーを押す

▼周遊チケット料金プラン
旅行の日程に合わせて選べる 3 つのプランをご用意しています。

Memo
表内のひとつひとつのマス目のことをセルと言います。

02 文字を入力する

文字カーソルが右のセルに移動します。 左
のように文字を入力します❶。 Tab キーを
押します❷。

▼「割引パス」新旧アプリ機能比較表
※「〇」対応　「△」一部対応　「ー」非対応
機能・サービス　　　　　　　　　【新】割引パス N
❶ 入力する　　❷ Tab キーを押す

▼周遊チケット料金プラン

Memo
「・」は め のキーを押して入力します。 「【】」は「かっ
こ」と読みを入力して変換します（38ページ参照）。

84

03 2行目に文字を入力する

▼「割引パス」新旧アプリ機能比較表

※「○」対応　「△」一部対応　「―」非対応

機能・サービス	【新】割引パス N
提携交通機関の利用	

① 入力する

▼周遊チケット料金プラン

旅行の日程に合わせて選べる3つのプランをご用意しています。

- 2DAYS 周遊チケット：3,800 円
- 3DAYS 周遊チケット：5,100 円
- 7DAYS 周遊チケット：9,800 円

文字カーソルが2行目の左側のセルに移動
します。左のように文字を入力します①。

04 続きの文字を入力する

① 入力する

▼「割引パス」新旧アプリ機能比

※「○」対応　「△」一部対応　「―」非対応

機能・サービス	【新】割引パス N
提携交通機関の利用	○
ナビ検索機能	○
優待施設割引サービス	○
電子決済サービス	△
AI チャットサービス	○

▼周遊チケット料金プラン

② Tab キーを押す

旅行の日程に合わせて選べる3つのプランをご用意しています。

- 2DAYS 周遊チケット：3,800 円
- 3DAYS 周遊チケット：5,100 円
- 7DAYS 周遊チケット：9,800 円

Tab キーを押して文字カーソルを移動しな
がら左のように文字を入力します①。表の
右下隅のセルに文字を入力したあと、Tab
キーを押します②。

05 新しい行が追加された

▼「割引パス」新旧アプリ機能比較表

※「○」対応　「△」一部対応　「―」非対応

機能・サービス	【新】割引パス N
提携交通機関の利用	○
ナビ検索機能	○
優待施設割引サービス	○
電子決済サービス	△
AI チャットサービス	○
通知サービス	○

▼周遊チケット料金プラン

① 入力する

旅行の日程に合わせて選べる3つのプランをご用意しています。

- 2DAYS 周遊チケット：3,800 円
- 3DAYS 周遊チケット：5,100 円

新しい行が追加され、追加した行の左端の
セルに文字カーソルが移動します。左のよ
うに文字を入力します①。

5-3

練習ファイル　05-03a　完成ファイル　05-03b

列幅・行高を変えよう

表内に入力した文字の長さに合わせて、列幅や表全体の幅を変更しましょう。
列の右側の境界線をドラッグして文字が見やすいように調整します。

01 列幅を変更する準備をする

列幅を変えたい列の右側の境界線にマウスポインターを移動します❶。マウスポインターの形が ‖ に変わります。

▼「割引パス」新旧アプリ機能比較表

※「○」対応　「△」一部対応　「―」非対応

機能・サービス	【新】割引パス N
提携交通機関の利用	○
ナビ検索機能	○
優待施設割引サービス	○
電子決済サービス	❶ 移動する
AI チャットサービス	○
通知サービス	○

▼周遊チケット料金プラン

02 列幅を変更する

ドラッグして列幅を変更します。ここでは、列幅を狭くするため左方向にドラッグします❶。

▼「割引パス」新旧アプリ機能比較表

※「○」対応　「△」一部対応　「―」非対応

機能・サービス	【新】割引パス N
提携交通機関の利用	○
ナビ検索機能	○
優待施設割引サービス	○
電子決済サービス	❶ ドラッグ
AI チャットサービス	○
通知サービス	○

▼周遊チケット料金プラン

86

列幅が狭くなった

表の幅が狭くなった

03 列幅が変わった

列幅が狭くなりました。 表の右端の境界線にマウスポインターを移動します❶。

04 表全体の幅を変更する

ドラッグして表全体の幅を調整します。 ここでは、 表の幅を狭くするため左方向にドラッグします❶。 すると、 表全体の幅が狭くなります。

Check!

行の高さを変更する

表の行の高さを調整するには、 行の下側の境界線をドラッグします❶。 なお、 文字の入力中に改行したり、 列幅に収まらない文字を入力した場合は、 自動的に行の高さが高くなり文字が折り返して表示されます。

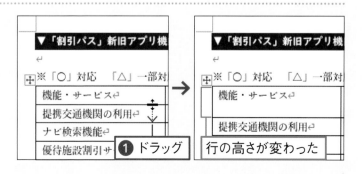

行の高さが変わった

列や行を
追加・削除しよう

表の行や列を追加するには、追加する行や列に隣接するセルを左クリックしてから操作します。
同様に表の行や列を削除するには、削除する行や列にあるセルを左クリックしてから操作します。

列を追加する

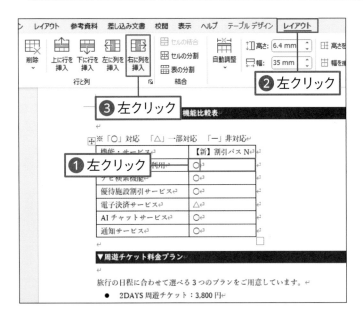

01 列を追加する

追加する列に隣接するセル（ここでは、2列目のセル）を左クリックします❶。［レイアウト］タブを左クリックします❷。（［右に列を挿入］ボタン）を左クリックします❸。

> **Memo**
> 選択しているセルの左に列を追加するには［左に列を挿入］ボタン、上に行を追加するには［上に行を挿入］ボタン、下に行を追加するには［下に行を挿入］ボタンを左クリックします。

02 列が追加された

選択していたセルの右側に新しく列が追加されました。追加した列に左のように文字を入力します❶。

行を削除する

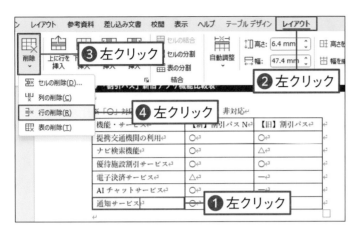

01 行を削除する

削除する行や列内のセル（ここでは、表の最終行のセル）を左クリックし❶、［レイアウト］タブを左クリックします❷。🔲（［表の削除］ボタン）を左クリックします❸。🔲× 行の削除(R) を左クリックします❹。

削除された

02 行が削除された

選択していたセルの行が削除されました。列や行を削除すると、列や行に入力されていた文字も削除されます。

Memo

表の列を削除するには、削除したい列内のセルを左クリックします。続いて、［レイアウト］タブの🔲（［表の削除］ボタン）を左クリックし、🔲 列の削除(C) を左クリックします。表全体を削除するには 🔲 表の削除(T) を左クリックします。

Check!

列や行を追加するその他の方法

列や行を追加する方法は他にもあります。表の左端の行の境界線にマウスポインターを移動します❶。表示される ⊕ を左クリックすると❷、左クリックした場所に行が追加されます。列を追加するときは、表の上部の列の境界線にマウスポインターを移動し、表示される ⊕ を左クリックします。

❶ 移動する

❷ 左クリック

表全体のデザインを変更しよう

表全体のデザインを変更するには、［テーブルデザイン］タブを利用すると便利です。
表の背景の色や文字の色、見出しの強調など、表の見栄えをすばやく整えられます。

01 表を選択する

デザインを変更する表の中を左クリックします❶。

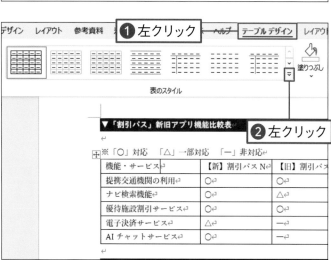

02 スタイル一覧を表示する

［テーブルデザイン］タブを左クリックします❶。［表のスタイル］の⯆（［表のスタイル］ボタン）を左クリックします❷。

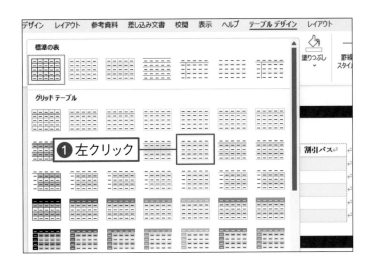

03 スタイルを選択する

スタイルの一覧が表示されます。気に入ったスタイル（ここでは「グリッド（表）2-アクセント4」）を左クリックします❶。

デザインが変わった

04 表全体のデザインが変わった

選択したスタイルが適用され、表全体のデザインが変わりました。

Check!

オプションを指定する

[テーブルデザイン]タブの[表スタイルのオプション]の □タイトル行 や □集計行 を左クリックしてチェックを付けると❶、タイトル行や集計行などを強調する飾りを付けられます。また、□縞模様（行）のチェックを付けると、1行おきに色を付けることができます。

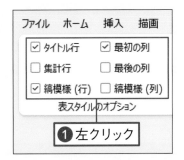

文字の配置を調整しよう

指定した列内の文字や表の上の見出しの文字をセルの中央に揃えます。
ここでは、列やセルを選択してから、[レイアウト]タブで指定します。

01 列を選択する

文字の配置を調整したい列の上端にマウスポインターを移動し❶、マウスポインターの形が ⬇ になったら右方向にドラッグします❷。

02 配置を選択する

[レイアウト]タブを左クリックします❶。⊟（[中央揃え]ボタン）を左クリックします❷。

03 セルを選択する

見出しの行の左端のセルにマウスポインターを移動します❶。マウスポインターの形が ➤ になったら、左クリックしてセルを選択します❷。

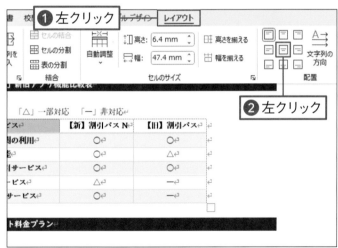

04 配置を選択する

[レイアウト]タブを左クリックします❶。
▣（[中央揃え]ボタン）を左クリックします❷。

05 配置が変わった

見出しの文字がセルの中央に揃いました。

練習ファイル　05-07a　完成ファイル　05-07b

表を移動しよう

表を別の場所に移動します。ここでは、表を切り取ってから貼り付けます。
また、表を移動したあとに、表が文書の中央に配置されるように調整します。

表を別の場所に貼り付ける

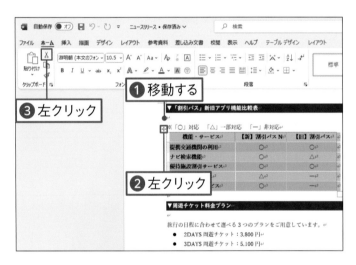

01 表を切り取る

表にマウスポインターを移動し❶、表の左上の 🕂 を左クリックします❷。［ホーム］タブの 🔲（［切り取り］ボタン）を左クリックします❸。

> **Memo**
> ここでは、表を「※「○」対応　「△」一部対応　「一」非対応」の段落の上に移動します。

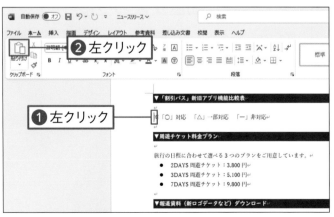

02 表を貼り付ける

表が切り取られます。表を貼り付ける場所を左クリックします❶。［ホーム］タブの 🔲（［貼り付け］ボタン）を左クリックします❷。

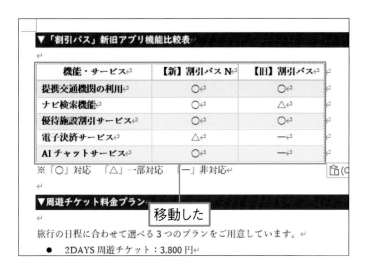

移動した

03 表が移動した

表が指定した場所に移動しました。

表を中央に配置する

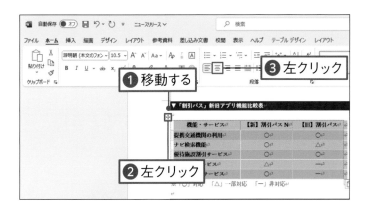

❶ 移動する

❷ 左クリック

❸ 左クリック

01 配置を変更する

表内にマウスポインターを移動し❶、左上の ⊞ を左クリックします❷。［ホーム］タブの ≡（［中央揃え］ボタン）を左クリックします❸。

中央に揃った

02 配置が変わった

表が文書の中央に配置されました。

> **Memo**
>
> 「※「○」対応 「△」一部対応 「一」非対応」の段落も、64 ページの方法で中央に揃えておきます。

1 表の列幅を変更するときに、ドラッグする場所はどこですか?

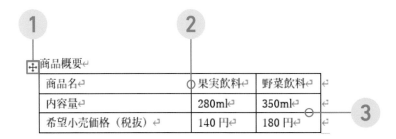

2 表全体のデザインを決める表のスタイルを設定するときに、使用するタブはどれですか?

1 ファイル 2 テーブル デザイン 3 レイアウト

3 セルの幅や高さに対して、文字を中央に配置するときに左クリックするボタンはどれですか?

1   2   3

イラストや画像を
追加しよう

この章では、文書にイラストや画像を追加する方法を紹介します。アイコンやストック画像の機能を利用して、表示したいイラストを検索してみましょう。また、パソコンに保存されている画像を追加します。イラストや画像の大きさや位置を整える方法も解説します。

イラストや画像を追加しよう

イラストや画像を活用すると、文章では伝えづらい内容をわかりやすく伝えられます。
この章では、文書にイラストや画像を追加する方法や大きさや位置を変える方法を紹介します。

イラストや画像を追加する

イラストや画像などを追加します。自分のパソコンに保存しているイラストや画像を追加したり、アイコン機能を利用して検索して追加したりします。イラストや画像を左クリックして選択すると、編集するときに使用する［図の形式］タブなどが表示されます。

● ［図の形式］タブ

イラストや画像の大きさを変更する

イラストや画像を左クリックして選択すると、イラストや画像の周囲には、回転ハンドルやサイズ変更ハンドルが表示されます。ハンドルを使用してイラストや画像の大きさを変更したりできます。

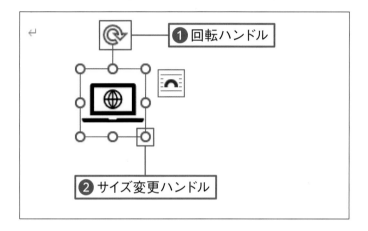

❶ 回転ハンドル

ドラッグすると、イラストや画像などが回転します。

❷ サイズ変更ハンドル

ドラッグすると、イラストや画像などの大きさが変わります。

レイアウトを設定する

文書にイラストや画像を追加すると、文字と同じように行の中に画像が表示されます。🔲（［レイアウトオプション］）の［文字列の折り返し］を変更すると、イラストや画像を行内に固定せずに位置を変更できるようになります。たとえば、🔲（［四角形］ボタン）を指定すると画像の周囲に、🔲（［上下］ボタン）を指定すると画像の上下に文字が回り込んで表示されます。

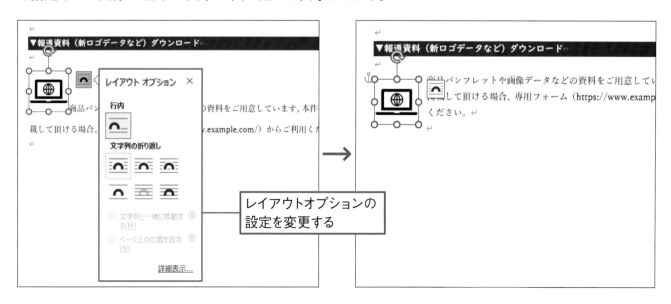

レイアウトオプションの
設定を変更する

イラストを追加しよう

ワードのアイコン機能を利用して、 手順を示す図で使うパソコンのイラストを追加します。
検索キーワードを入力して、 キーワードに一致するイラストを検索し追加してみましょう。

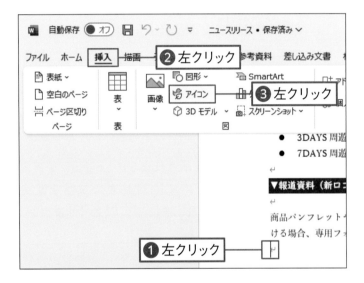

01 追加する場所を選択する

イラストを追加する場所（ここでは、2ページ目の最終行）を左クリックします❶。[挿入]タブを左クリックします❷。 アイコン （[アイコンの挿入] ボタン）を左クリックします❸。

> **Memo**
> アイコン機能やストック画像の機能を使用するには、パソコンをインターネットに接続しておく必要があります。

02 検索する準備をする

[ストック画像] の画面が表示され、[アイコン]の分類が選択されます。 "情報" の検索 の欄を左クリックします❶。

> **Memo**
> 自分のパソコンに保存しているイラストを追加する方法は、 106ページを参照してください。

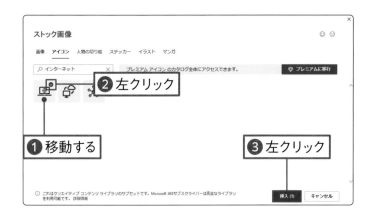

03 イラストを選択する

検索キーワード（ここでは「インターネット」）を入力すると、 検索結果が表示されます。 使用したいイラストにマウスポインターを移動します①。 表示される ○ を左クリックし②、 ☑ にします。 挿入 (1) を左クリックします③。

> **Memo**
>
> 表示されるイラストの種類は、 お使いの環境によって異なる場合があります。 イラストが表示されない場合は、 別のキーワードで検索してみましょう。

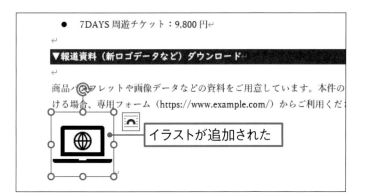

04 イラストが追加された

選択していた箇所にイラストが追加されます。

> **Memo**
>
> アイコン機能やストック画像の機能を使用するときは、使用許諾契約を確認しましょう。 使用条件の範囲でイラストを使用するようにします。

Check!

ストック画像を利用する

ワード2021や Microsoft 365 のワードを使用している場合は、 「ストック画像」というイラストや画像の素材集を利用できます。 [挿入] タブの 🖼 （ [画像を挿入します] ボタン）を左クリックし、 ストック画像...(S) 左クリックします。 表示される画面で分類を左クリックして選択し①、 イラストや画像を左クリックし②、 挿入 (1) を左クリックします③。

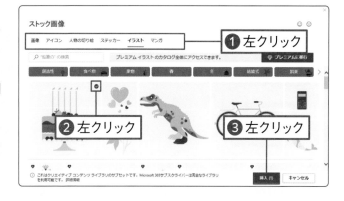

イラストの大きさを 変えよう

101ページで追加したアイコンのイラストを選択して、 大きさを調整しましょう。
イラストを選択すると表示されるサイズ変更ハンドルをドラッグして調整します。

---

01 イラストを選択する

イラストの上にマウスポインターを移動します。 マウスポインターの形が 🕂 になったら左クリックし❶、 イラストを選択します。 イラストの周囲に ⭕ のハンドルが表示されます。

---

02 大きさを変える 準備をする

⭕ にマウスポインターを移動します❶。 マウスポインターの形が 🔍 に変わります。

> **Memo**
> イラストの高さを変更するときは上下のハンドル、 幅を変更するときは左右のハンドル、 高さと幅を同時に変更するときは、四隅のハンドルをドラッグします。

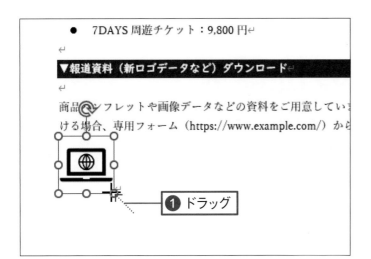

03 大きさを変更する

○ を内側にドラッグします❶。

Memo

イラストを大きくするには、外側に向かってドラッグします。

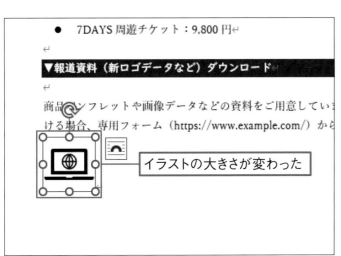

04 大きさが変わった

イラストの大きさが小さくなりました。

Check!

イラストを回転する

イラストを選択したときに表示される ↻ を斜めにドラッグすると❶、イラストを回転させられます。イラストを上下左右に反転したい場合は、イラストを選択し、[グラフィックス形式]タブの [回転 ▾]([オブジェクトの回転]ボタン)を左クリックして [上下反転(V)] や [左右反転(H)] を左クリックします。

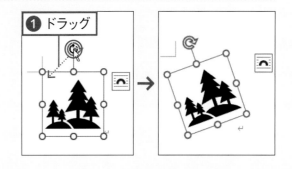

103

イラストの位置を
変えよう

アイコンのイラストを追加すると、文字と同じように行内に固定されて配置されます。
イラストを自由に移動するには、［レイアウトオプション］の［文字列の折り返し］を指定します。

01　イラストを選択する

イラストを左クリックして選択します❶。

02　［レイアウトオプション］を
左クリックする

イラストをドラッグして自由に移動できるように
します。イラストの右上に表示される☖
（［レイアウトオプション］）を左クリックします
❶。

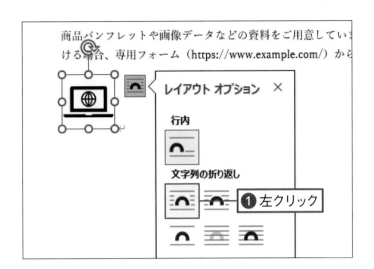

03 [文字列の折り返し]を指定する

[文字列の折り返し]の 🔽（[四角形]ボタン）を
左クリックします❶。

Memo

［文字列の折り返し］を 🔽（［四角形］ボタン）に設定す
ると、イラストの周囲に文字が四角形上に回り込ん
で表示されるようになります。

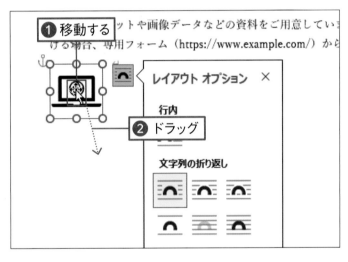

04 イラストを移動する

イラストにマウスポインターを移動します❶。
イラストを移動先にドラッグします❷。

05 イラストが移動した

イラストが移動しました。

画像を追加しよう

パソコンに保存している画像を文書に追加します。
ここでは、商品イメージの画像を追加します。画像の保存場所やファイル名を指定します。

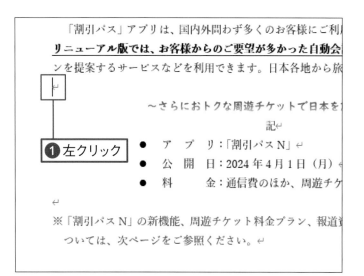

01 追加する場所を選択する

画像を追加する場所（ここでは、1ページ目の左の位置）を左クリックし❶、文字カーソルを表示します。

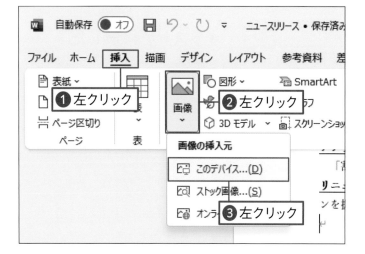

02 画像を選択する 準備をする

［挿入］タブを左クリックします❶。（［画像を挿入します］ボタン）を左クリックします❷。 このデバイス...(D) を左クリックします❸。

> **Memo**
>
> スマートフォンなどで撮影した写真なども同様に追加できます。手順 03 で、写真の保存先や写真を選択して追加します。

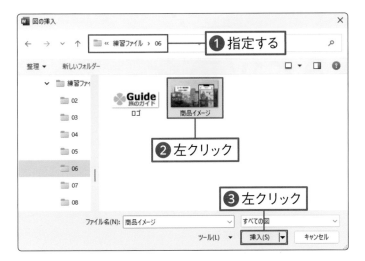

❶ 指定する

❷ 左クリック

❸ 左クリック

03 画像を選択する

画像の保存先（ここでは、「練習ファイル」フォルダの中の「06」フォルダ）を指定します❶。追加する画像を左クリックします❷。 挿入(S) を左クリックします❸。

> **Memo**
>
> ここでは、練習ファイルの「商品イメージ」という画像を選択しています。

画像が追加された

04 画像が追加された

選択した画像が文書に追加されました。

Check!

画像に飾り枠をつける

画像を選択すると表示される［図の形式］タブでは、画像を加工するさまざまな機能を利用できます。たとえば、画像を左クリックし❶、［図の形式］タブの［図のスタイル］の ⏷（［クイックスタイル］ボタン）を左クリックし❷、画像のスタイルを選んで左クリックすると❸、画像の周囲に枠を付けることができます。

❶ 左クリック

❷ 左クリック

❸ 左クリック

画像の大きさと位置を変えよう

「6-4 画像を追加しよう」で追加した画像の大きさと配置を調整しましょう。
ここでは、画像を自由に移動できるようにするため、[文字列の折り返し]を指定します。

01 大きさを変更する 準備をする

画像を左クリックして選択します❶。画像の周囲に表示される ○ のハンドルにマウスポインターを移動します❷。マウスポインターの形が ⟍ に変わったら、内側にドラッグします❸。

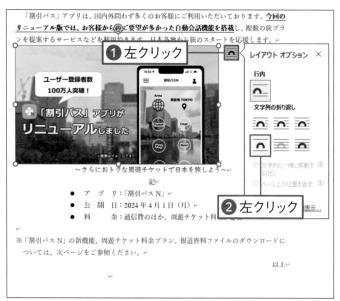

02 [文字列の折り返し]を 指定する

画像をドラッグして自由に移動できるようにします。画像の右上に表示される ⌒ ([レイアウトオプション])を左クリックします❶。次に[文字列の折り返し]の ⌒ ([上下]ボタン)を左クリックします❷。

Memo

[レイアウトオプション]で、[文字列の折り返し]を ⌒ ([上下]ボタン)に設定すると、文字が画像の上下に回り込んで表示されるようになります。

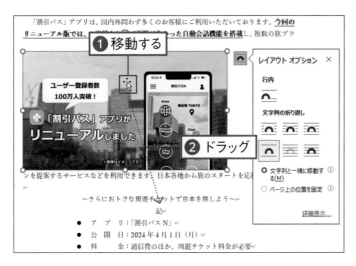

03 画像を移動する

画像にマウスポインターを移動し❶、移動先にドラッグします❷。ここでは、別記事項の「記」の上に移動します。

04 画像が移動した

画像が移動しました。

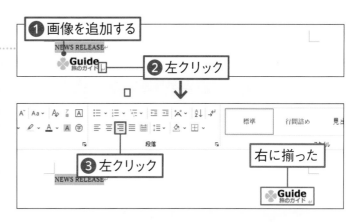

Check!

画像を右揃えで配置する

106ページの方法で、1ページ目の2行目に画像を追加して大きさを調整します❶。ここでは、練習ファイルの「ロゴ」という画像を追加しています。追加した画像の段落を左クリックし❷、[ホーム]タブの ☰（[右揃え]ボタン）を左クリックして❸、画像の配置を右に揃えます。

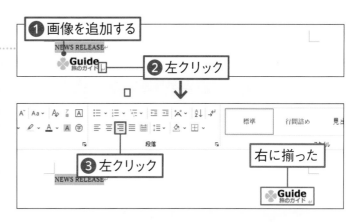

第 **6** 章 練習問題

1 イラストの大きさを変更するときに、ドラッグする場所はどれですか?

2 パソコンに保存した画像を追加するときに、左クリックするボタンはどれですか?

3 画像の周囲を文字列が回り込んで表示されるようにするとき、左クリックする場所はどれですか?

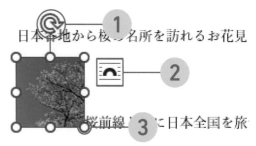

図形を描こう

この章では、さまざまな図形を描く方法を紹介します。
ほとんどの図形には文字を入力できるので、図形を組み
合わせて、簡単な図を作成してみましょう。図形の大き
さや配置を変更したり、図形のスタイルを指定します。
図形の扱い方を知りましょう。

図形を描こう

この章では、 図形を描く方法を紹介します。 ワードでは、 さまざまな種類の図形を描けます。
複数の図形を組み合わせれば、 手順や関係性などをわかりやすく伝える図を作成できます。

図形を描く

図形を描くときには、 最初に図形の種類を選択します。 図形は、 分類ごとにまとまって表示されます。

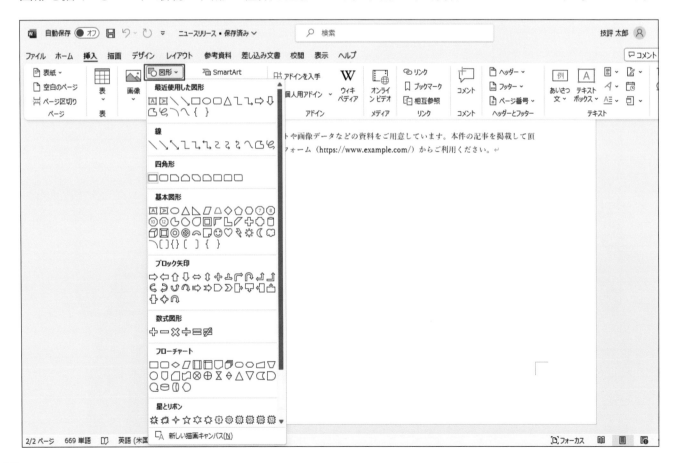

図形に文字を入力する

ほとんどの図形には、 文字を入力できます。 文字を大きくしたり、 配置を整えたりすることもできます。

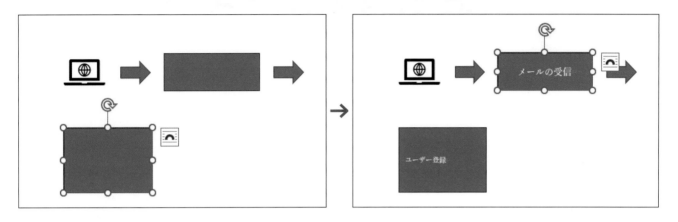

図形を編集する

図形を左クリックして選択すると、 図形を編集するときに使う [図形の書式] タブが表示されます。

● [図形の書式] タブ
[図形の書式] タブには、 図形の書式を設定するボタンが表示されます。 また、 図形を選択すると表示されるハンドルを使って、 図形の形や大きさなどを変更できます。

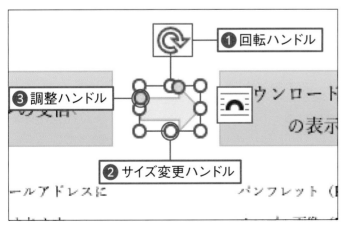

① 回転ハンドル
ドラッグすると、 図形が回転します。

② サイズ変更ハンドル
ドラッグすると、 図形の大きさが変わります。

③ 調整ハンドル
ドラッグすると、 図形の形が変わります。 調整ハンドルが表示されない図形もあります。

長方形を描こう

長方形や矢印の図形を描いてみましょう。
図形の色や形はあとから変更することができます。

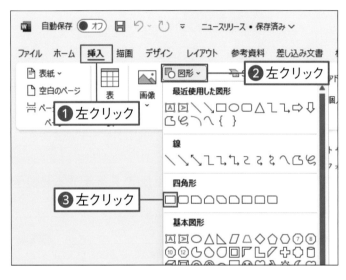

01 図形を選択する

[挿入]タブを左クリックします❶。図形 ˅
([図形の作成]ボタン)を左クリックします
❷。□([正方形／長方形]ボタン)を左ク
リックします❸。

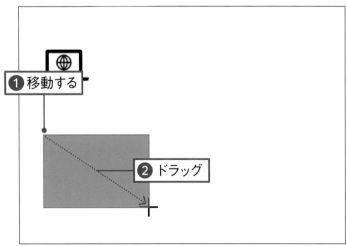

02 図形を描く

図形を描く場所にマウスポインターを移動し
❶、斜め方向にドラッグします❷。

> **Memo**
>
> □([正方形／長方形]ボタン)を左クリックして四角
> 形を書くとき、Shift キーを押しながらドラッグする
> と、正方形を描けます。また、◯([楕円]ボタン)
> を左クリックして円を描くとき、Shift キーを押しな
> がらドラッグすると正円を描けます。

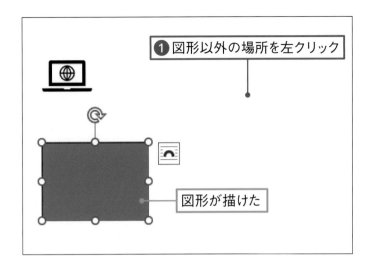

03 図形が描けた

図形が作成されます。図形以外の場所を左クリックすると❶、図形の選択が解除されます。

Memo

図形を選択すると表示される ◎ をドラッグすると図形が回転します。

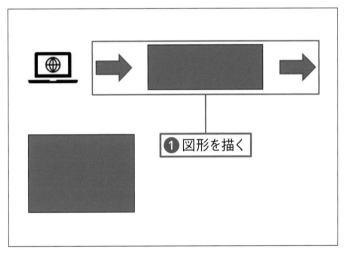

04 他の図形を描く

同様の方法で、⇨（［矢印：右］ボタン）の図形や別の長方形を描きます❶。

Check!

図形の形を変える

図形の種類によっては、図形を選択すると、黄色の調整ハンドル ◯ が表示されるものもあります。◯ をドラッグすると❶、図形の形を変更できます。

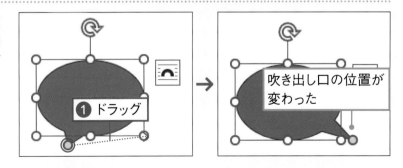

図形に文字を入力しよう

ほとんどの図形には文字を入力できます。 ここでは、 長方形の図形に文字を入力します。
文字を入力したあとに、 文字の大きさや配置を変更して見栄えを整えます。

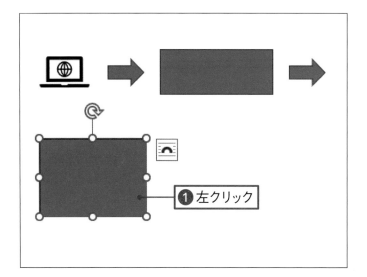

01 図形を選択する

図形を左クリックして選択します❶。

Memo

文字を入力する長方形の図形を描くには、▣（［テキストボックス］ボタン）や▤（［縦書きテキストボックス］ボタン）の図形を描く方法もあります。 その場合、図形を描いた直後に図形内にカーソルが表示されて、 文字を入力できる状態になります。

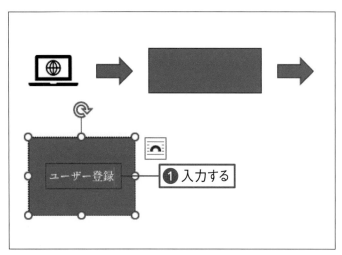

02 文字を入力する

左のように文字（ここでは「ユーザー登録」）を
入力します❶。

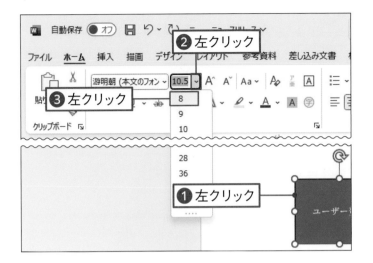

03 文字の大きさを変更する

図形の外枠を左クリックします❶。［ホーム］タブの 10.5 ▾（［フォントサイズ］ボタン）の右側の ▾ を左クリックし❷、文字の大きさ（ここでは「8」）を左クリックします❸。

> **Memo**
> 特定の文字の大きさを変更する場合は、対象の文字を選択してから文字の大きさを変更します。

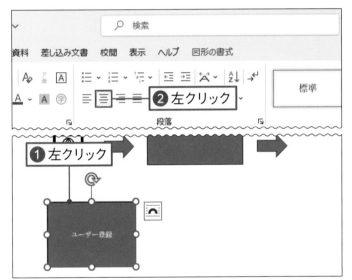

04 文字の配置を変更する

図形に文字を入力すると、文字が中央揃えになります。ここでは、文字の中央揃えを解除します。図形の外枠を左クリックします❶。［ホーム］タブの ≡（［中央揃え］ボタン）を左クリックします❷。

> **Memo**
> 図形の上や下に文字を揃えるには、図形を選択して［図形の書式］タブの 中文字の配置 ▾（［文字の配置］ボタン）を左クリックし、配置場所を選択します。

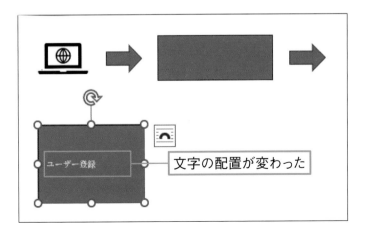

05 文字の配置が変わった

文字の配置が解除され、両端揃えに変わりました。

> **Memo**
> 手順 01 と 02 の方法で、右上の長方形の図形に「メールの受信」の文字を入力しておきます。

練習ファイル 07-03a 完成ファイル 07-03b

図形の色を変えよう

図形の塗りつぶしの色や、 図形の外枠の色を変更してみましょう。
図形を選択すると表示される ［図形の書式］ タブを使います。

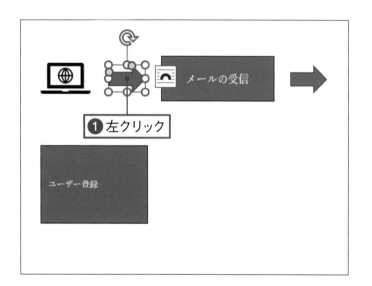

01 図形を選択する

色を変更する図形を左クリックして選択します❶。

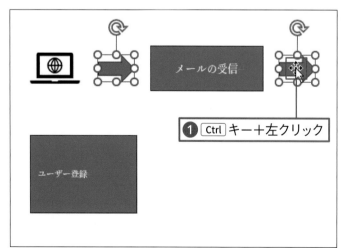

02 複数の図形を選択する

ここでは、複数の図形の色をまとめて変更します。 Ctrl キーを押しながらもうひとつの図形を左クリックします❶。

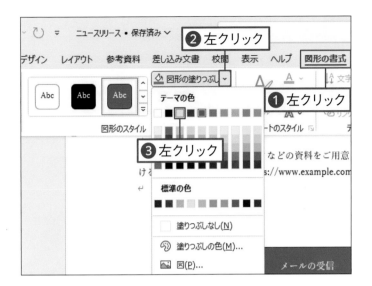

03 色を変更する

[図形の書式] タブを左クリックします❶。
🖌️図形の塗りつぶし ⌄ （[図形の塗りつぶし] ボタン）
の右側の ⌄ を左クリックし❷、好きな色（こ
こでは「薄い灰色、背景2」）を左クリックし
ます❸。

Memo
塗りつぶしの色をなしにするには、 塗りつぶしなし(N) を左
クリックします。

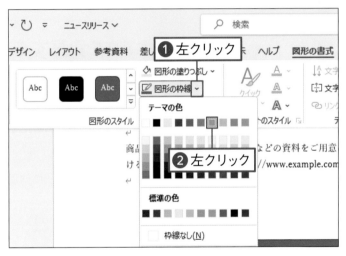

04 枠線の色を変更する

[図形の書式] タブの 図形の枠線 ⌄ （[図形の枠
線] ボタン）の右側の ⌄ を左クリックし❶、
好きな色（ここでは「灰色、アクセント3」）
を左クリックします❷。

Memo
枠線をなしにするには、 枠線なし(N) を左クリックします。

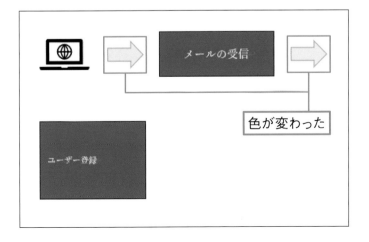

05 図形の色が変わった

図形の塗りつぶしの色や枠線の色が変更さ
れました。

図形の大きさと位置を変えよう

図形の大きさや位置を変更する方法を知りましょう。ここでは、図形を小さくします。
図形を扱うときは、マウスポインターの形に注意して操作します。

図形の大きさを変える

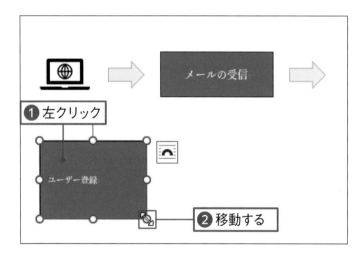

01 図形の大きさを変更する準備をする

図形を左クリックして選択します❶。図形の周囲に表示される ○ のハンドル（ここでは右下）にマウスポインターを移動します❷。マウスポインターの形が ⬉ に変わります。

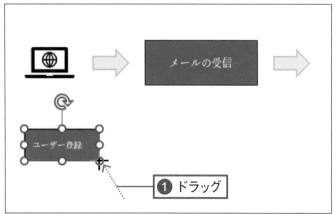

02 図形の大きさを変更する

○ のハンドルをドラッグして大きさを変更します❶。

> **Memo**
> 図形の四隅の ○ をドラッグすると、図形の縦横の大きさをまとめて変更できます。

図形を移動する

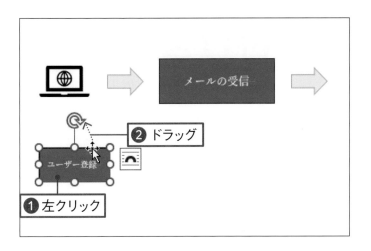

01 図形を移動する

図形を左クリックして選択し❶、図形の外枠部分を移動先に向かってドラッグします❷。

> **Memo**
> 図形を描くと、[レイアウトオプション](104ページ参照)の[文字列の折り返し]が初期設定では「前面」になっています。そのため、文字の上に図形を移動すると文字の前面に図形が表示されます。

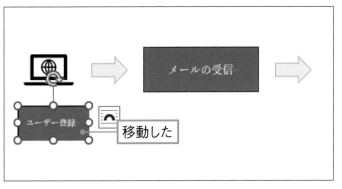

02 図形が移動した

図形の位置が変更されました。

Check!

複数の図形の配置を整える

複数の図形の位置を揃えるには、まず、複数の図形を選択します。それには、1つ目の図形を左クリックし❶、同時に選択する図形の外枠を Shift キーを押しながら左クリックします❷。続いて、[図形の書式]タブの 图▾([オブジェクトの配置]ボタン)を左クリックし❸、揃える場所を指定します。たとえば、選択した図形の中で一番上の図形に合わせて上端を揃えるには、[┳ 上揃え(T)]を左クリックします❹。

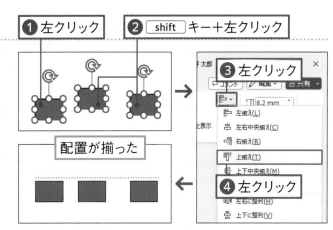

練習ファイル 07-05a　完成ファイル 07-05b

図形に飾り枠を付けよう

[図形の書式] タブの [図形のスタイル] 機能を利用して、図形全体のスタイルを指定します。
図形の塗りつぶしの色や外枠の色、図形に入力した文字の色などをまとめて変更できます。

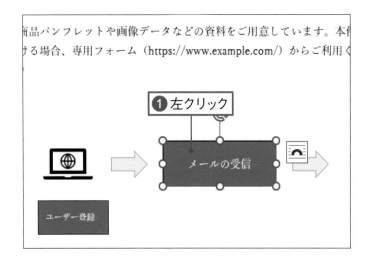

01 図形を選択する

図形を左クリックして選択します❶。

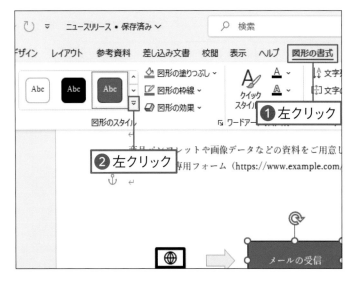

02 スタイルの一覧を
表示する

[図形の書式] タブを左クリックします❶。
[図形のスタイル] の ☑ ([クイックスタイル]
ボタン) を左クリックします❷。

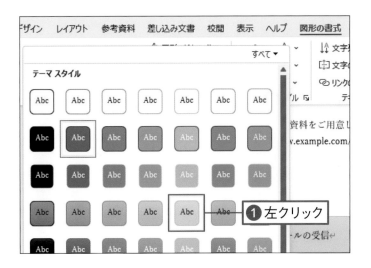

03 スタイルを選択する

［図形のスタイル］の一覧から好きなスタイル
（ここでは「パステル - ゴールド、 アクセント
4」）を左クリックします❶。

Memo
［図形のスタイル］に表示される内容は、 ワードの
バージョンによって異なります。

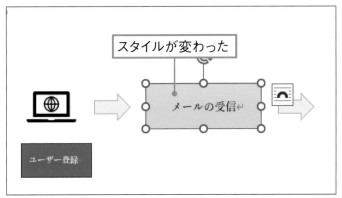

04 スタイルが変わった

図形のスタイルが変わりました。

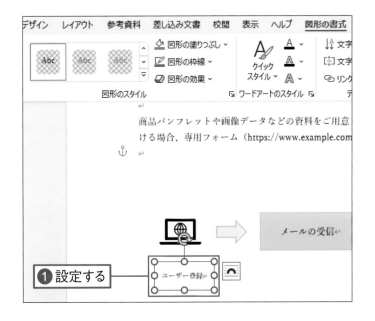

05 他の図形のスタイルを
変更する

下の図形を選択し、 手順 02 03 の方法で［図
形のスタイル］（ここでは「透明 - 黒、濃色1」）
を設定します❶。

図形をコピーしよう

似たような形の図形を描く場合は、図形をコピーして描くとよいでしょう。
ここでは、長方形の図形を水平方向にコピーします。図形の書式だけをコピーすることもできます。

01 図形を選択する

コピーする図形を左クリックして選択します❶。

02 図形をコピーする

Shift キーと Ctrl キーを同時に押しながら、図形の外枠部分をコピー先に向かってドラッグします❶。

> **Memo**
>
> Ctrl キーを押しながら図形をドラッグすると、図形をコピーできます。 Shift + Ctrl キーを押しながら図形をドラッグすると、図形の位置を揃えてまっすぐコピーできます。

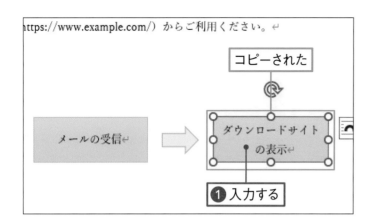

コピーされた

① 入力する

03 図形がコピーされた

図形がコピーされました。コピーされた図形の文字を左のように入力して修正します①。

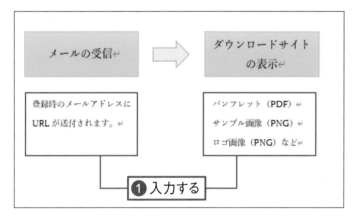

① 入力する

04 他の図形をコピーする

同様の方法で、左下の図形を水平方向に2つコピーします。左のように図形の文字を入力して修正しておきます①。

> **Memo**
> 120〜121ページの方法で、図形の大きさや配置を整えておきましょう。

Check!

図形の書式をコピーする

図形に設定した書式情報だけをコピーするには、コピー元の図形を左クリックし①、[ホーム]タブの（［書式のコピー／貼り付け］ボタン）を左クリックします②。その後、コピー先の図形を左クリックします③。すると、コピー先の図形の形や文字などはそのままでコピー元の書式情報だけがコピーされます。

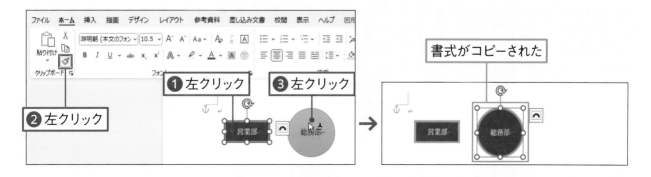

① 左クリック　③ 左クリック

② 左クリック

書式がコピーされた

図形をまとめて移動しよう

練習ファイル 07-07a 完成ファイル 07-07b

複数の図形をまとめて扱うには、 図形をグループ化する方法があります。
ここでは図形をグループ化して、 まとめて移動できるようにします。

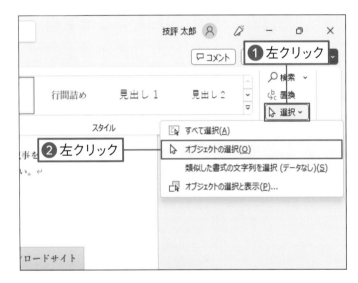

01 複数の図形を選択する準備をする

複数の図形を選択する準備をします。 ［ホーム］タブの 選択 （［選択］ボタン）を左クリックし❶、 オブジェクトの選択(O) を左クリックします❷。 この操作で、 複数の図形をまとめて選択できる状態になります。

Memo

複数の図形を選択できる状態をキャンセルして、 文字を選択できる状態に戻すには、 Esc キーを押します。

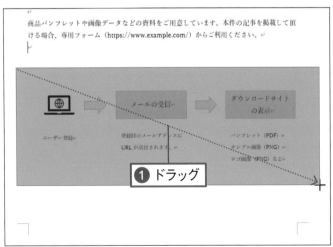

02 複数の図形を選択する

選択する図形を囲むように斜め方向にドラッグします❶。

Memo

複数の図形を選択するには、 Ctrl キーを押しながら順に左クリックする方法もあります。

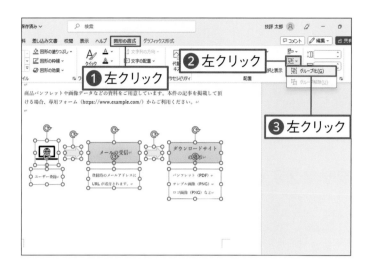

03 図形をグループ化する

複数の図形が選択されます。［図形の書式］タブを左クリックします❶。(［グループ化］ボタン）を左クリックします❷。グループ化(G) を左クリックします❸。

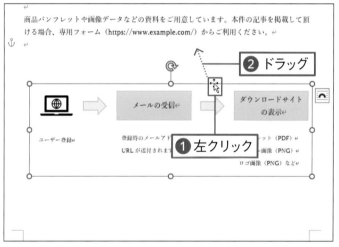

04 図形がグループ化された

図形がグループ化されます。グループ化された図形の外枠部分を左クリックします❶。移動先に向かってドラッグします❷。

Memo

図形をグループ化しても、個々の図形を選択して移動できます。ここでは、グループ化された図形全体の外枠部分を左クリックして選択します。

第7章 図形を描こう

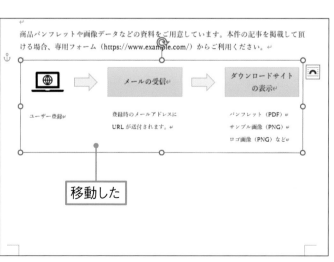

05 図形がまとめて移動した

グループ化した図形がまとめて移動しました。

Memo

図形のグループ化を解除するには、グループ化された図形の外枠部分を左クリックし、［グループ化］ボタンを左クリックし、［グループ化解除］を左クリックします。

1 図形を描くときに、左クリックするボタンはどれですか?

1 アイコン　　2 画像　　3 図形

---

2 長方形の図形に文字を入力するには、どうすればよいですか?

1 図形を右クリックして文字を入力する

2 図形を選択した状態で文字を入力する

3 図形の形を変更する

---

3 図形を移動するときに、
ドラッグする場所はどこですか?

印刷しよう

この章では、作成した文書を印刷する方法を紹介します。文書を印刷するときは、ヘッダーやフッターに、ページ番号や連絡先など必要な情報を表示しておきましょう。また、文書をPDF形式のファイルとして保存する方法も紹介します。

印刷しよう

この章では、 作成した文書の印刷イメージを確認し、 印刷する方法を紹介します。
また、 ヘッダーやフッターを編集して、 用紙の上下の余白にページ数などを設定します。

印刷を実行する画面

印刷を実行する画面を表示すると、 印刷イメージが表示されます。 印刷イメージを確認しながら、 印刷時の設定を行います。 プリンターのプロパティ を左クリックすると、 プリンター側の設定画面が表示されます。 ページ設定 を左クリックすると「ページ設定」画面が表示されます。

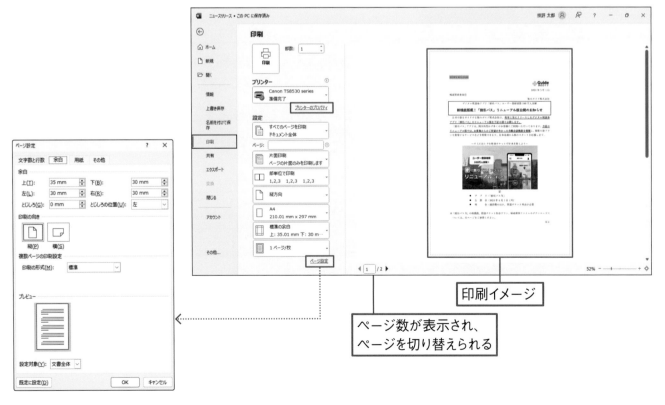

印刷イメージ

ページ数が表示され、
ページを切り替えられる

[レイアウト] タブと [ページ設定] 画面

[レイアウト] タブにも、印刷時の設定を変更するボタンが表示されています。[レイアウト] タブの □ ([ダイアログボックス起動ツール] ボタン) を左クリックすると、印刷時の設定をまとめて指定できる [ページ設定] 画面が表示されます。

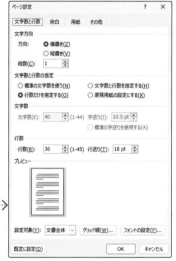

ヘッダーやフッターの編集

用紙の上下の余白に日付やページ番号などを表示するには、ヘッダーやフッターを編集します。ヘッダーやフッターを編集する画面に切り替えて操作します。

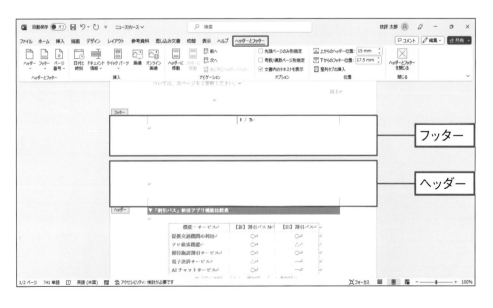

文書を印刷しよう

完成した文書を印刷しましょう。まずは、[ファイル]タブから印刷時のイメージを確認します。
印刷前に設定を確認し、問題なければ印刷を実行します。

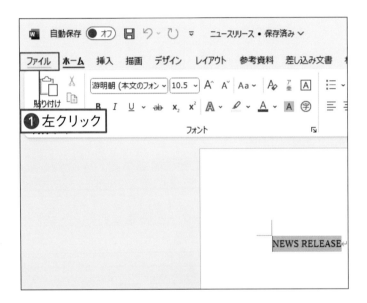

01 印刷イメージを確認する

[ファイル]タブを左クリックします❶。文書の保存や印刷などの操作ができるBack stageビュー（16ページMemo参照）の画面が表示されます。

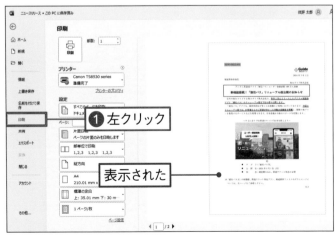

02 印刷イメージを表示する

印刷 を左クリックします❶。印刷イメージが表示されました。

Memo

プリンター には、パソコンに接続しているプリンターの名前が表示されます。使用するプリンターが表示されていない場合は、プリンター名の右側の ⌄ を左クリックしてプリンターを選択します。

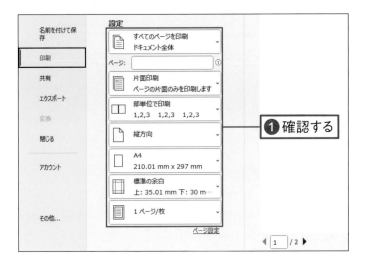

03 印刷の設定を確認する

印刷時の設定や部数を確認します❶。 必要に応じて設定を変更します。 ここでは、 特に変更しません。

---- Memo ----
印刷イメージを他のページに切り替えるには、 ◀ 1 /2 ▶ の左右の ◀▶ を左クリックします。

04 印刷する

🖶 を左クリックすると❶、 印刷が実行されます。

---- Memo ----
複数印刷したいときは、 [部数] の数字を指定します。

Check!

印刷イメージを拡大／縮小表示する

印刷イメージを拡大／縮小表示するには、 画面右下の 52% ─────＋ ([ズーム]) のつまみを左右にドラッグします❶。 ⊕ ([ページに合わせる]ボタン) を左クリックすると、 ページ全体が表示されます。

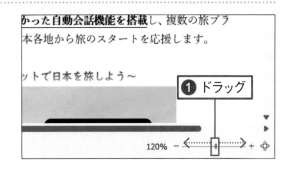

ページ数を追加しよう

ページが複数ある文書を印刷するときは、ページ番号を振っておくとよいでしょう。
ページ番号や総ページ数は、ヘッダーまたはフッターの余白に印刷します。

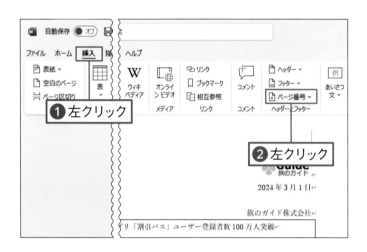

01 ページ番号を振る

[挿入]タブを左クリックします❶。 ページ番号 ▾
([ページ番号の追加]ボタン)を左クリック
します❷。

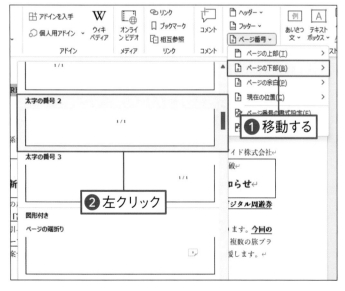

02 表示方法を選択する

ページ番号を表示する場所と表示方法を選
択します。 ここでは、 ページの下部(B) にマウス
ポインターを移動します❶。 ページ番号の
表示(ここでは「太字の番号2」)を左クリッ
クします❷。

> **Memo**
> ここでは、 ページ下部の余白 (フッター) の中央に、
> 「ページ番号／総ページ数」の形式でページ番号を
> 表示します。

03 ページ番号が追加された

ヘッダーとフッターの編集画面が表示されます。フッターにページ番号と総ページ数が追加されていることを確認します。

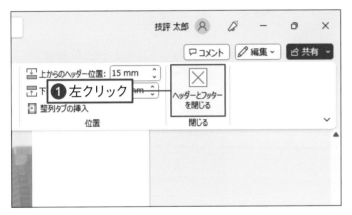

04 編集画面を閉じる

[ヘッダーとフッター] タブの ⊠（[ヘッダーとフッターを閉じる] ボタン）を左クリックします❶。

05 ページ番号が表示された

ヘッダーとフッターの編集画面が閉じます。フッターにページ番号が表示されました。

135

練習ファイル 08-03a 完成ファイル 08-03b

フッターに連絡先を追加しよう

ニュースリリースの文書には、お問い合わせ先を追加しましょう。
ここでは、フッターにお問い合わせ先の情報を入力します。

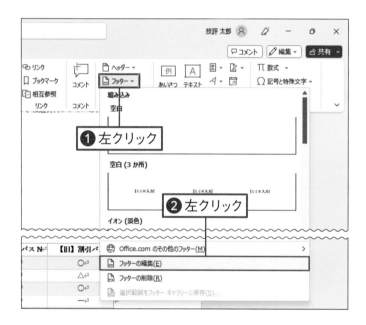

01 フッターの編集画面を表示する

[挿入]タブの □ フッター ▽ ([フッター]ボタン)を左クリックし❶、□ フッターの編集(E) を左クリックします❷。

Memo

ヘッダーの内容を編集するには、□ ヘッダー ▽ ([ヘッダー]ボタン)を左クリックして、□ ヘッダーの編集(E) を左クリックします。

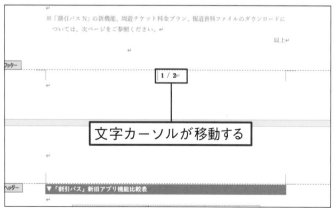

02 フッターの編集画面が表示される

フッターの編集画面が表示され、フッターに文字カーソルが移動します。

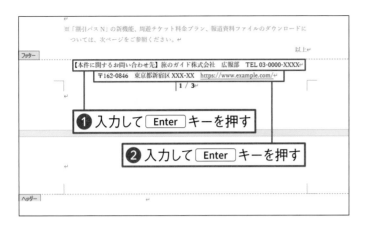

03 フッターを編集する

お問い合わせ先の情報を入力して ［Enter］ キーを押して改行します❶。 続きの内容を入力して ［Enter］ キーを押します❷。

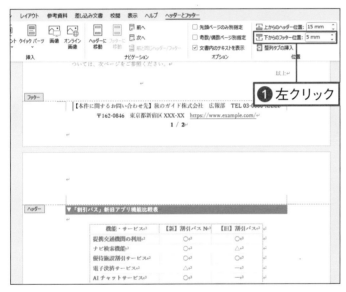

04 フッター位置を指定する

ページの下端からフッターまでの間隔を指定します。 ［下からのフッター位置: 17.5 mm］ （ ［下からのフッター位置］） の右側の 🔽 を何度か左クリックし❶、 フッター位置 （ここでは 「5mm」） を指定します。

Memo
指定した間隔が狭すぎる場合などは、 プリンターによっては正しく印刷できないこともあるので注意します。

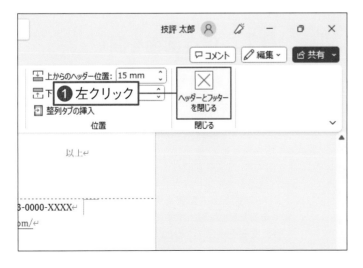

05 元の画面に戻る

［ヘッダーとフッター］ タブの 🔳 （ ［ヘッダーとフッターを閉じる］ ボタン） を左クリックします❶。 すると、 元の画面に戻ります。

文書をPDFファイルにしよう

完成した文書をPDF形式のファイルとして保存します。
PDF形式のファイルは、ブラウザーやPDFビューアーなどのソフトで表示できます。

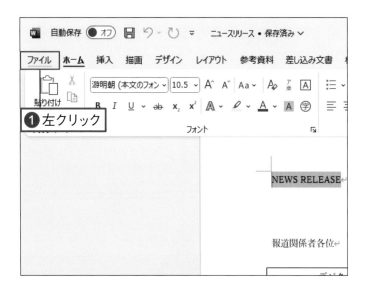

01 保存の準備をする

PDF形式で保存するファイルを開いておきます。[ファイル]タブを左クリックします❶。

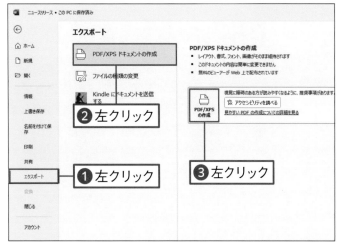

02 保存画面を開く

エクスポート を左クリックします❶。 PDF/XPS ドキュメントの作成 を左クリックし❷、 PDF/XPS の作成 を左クリックします❸。

> **Memo**
> PDF形式とは、文書を保存するときに広く利用されているファイル形式です。どのような環境でも同じように文書を表示できるという特徴があります。

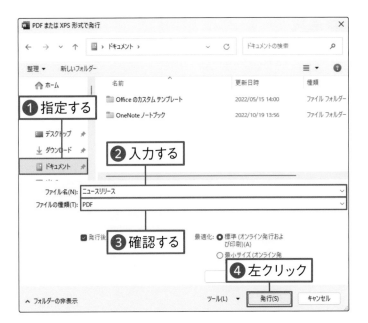

1 指定する
2 入力する
3 確認する
4 左クリック

03 PDFファイルを保存する

ファイルの保存先を指定し❶、ファイル名を入力します❷。ファイルの種類に「PDF」と表示されていることを確認します❸。発行(S) を左クリックします❹。

PDFファイルが表示された

04 PDFファイルが表示された

指定した場所にPDFファイルが保存されます。手順 03 の画面で ☑発行後にファイルを開く(E) にチェックが付いていると、保存されたPDFファイルが開きます。

Check!

Acrobat Readerについて

PDF形式のファイルを見やすく表示したり印刷したりするには、PDFビューアーというソフトを利用すると便利です。たとえば、一般的に広く利用されているPDFビューアーとしてAcrobat Readerがあります。アドビ株式会社のホームページから無料でダウンロードして利用できます。

Acrobat Reader

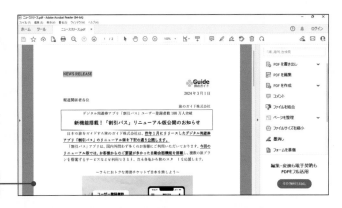

練習問題の解答・解説

第1章

1 正解 ③

日本語入力モードの状態を確認するときは、③ を見ます。「あ」の場合は、日本語入力モードがオンの状態、「A」の場合は、オフの状態です。① を左クリックすると、スタートメニューが表示され、スタートメニューからアプリを起動できます。② を左クリックすると、パソコンに保存したファイルなどを管理するエクスプローラーのウィンドウが表示されます。

2 正解 ①

① を左クリックすると、文書が上書き保存されます。一度も保存していない文書の場合は、保存する画面が表示されます。② を左クリックすると、ワードのウィンドウが小さく表示されます。③ を左クリックすると、ワードが閉じます。

3 正解 ①

① のタブを左クリックすると、ファイルを開いたり印刷したりするBackstageビューという画面が表示されます。② のタブには、文字に飾りをつけるなどよく使用するボタンが並びます。③ のタブは、文書に画像を追加するときなどに使います。

第2章

1 正解 ①

文字が入力される位置を示す文字カーソルは ① です。② は、マウスカーソルの位置を示します。文字の上にマウスカーソルを移動すると、この形になります。③ は、段落の区切りを示す段落記号です。

2 正解 ②

漢字を入力するときは、漢字のよみがなを入力して ① のキーを押して変換します。入力中の文字を決定したり、改行するときは、② のキーを使用します。③ は、文字カーソルの右側の文字を消すときに使用します。

3 正解 ②

文字を別の場所にコピーするには、対象の文字を選択し、[ホーム]タブの ② を左クリックしてコピーします。続いて、貼り付け先を左クリックし、③ のキーを押します。文字を別の場所に移動するには、対象の文字を選択し、① を左クリックして切り取ります。続いて、移動先を左クリックし、③ のキーを押します。

第3章

1 正解 ②

文字に書式を設定するときは、最初に操作対象の文字を選択します。続いて、設定する文字飾りを指定します。文字が選択されている状態で、複数の飾りを設定することもできます。

2 正解 ③

文字を選択したあと、[ホーム]タブの ③ を左クリックすると文字に下線が付きます。① を左クリックすると、文字が太字になります。② を左クリックすると、文字が斜体になります。

3 正解 ③

文字の書式をコピーするときは、最初にコピー元の文字列を選択して[ホーム]タブの ③ を左クリックします。続いて、コピー先の文字を選択します。① は文字を移動するとき、② は文字をコピーするときに使います。

第4章

1 正解 ①

文字の配置は、段落単位に指定できます。文字を右端に揃えるには、対象の段落内を左クリックして[ホーム]タブの ① を左クリックします。② を左クリックすると中央に揃います。③ を左クリックすると、文字の配置が元の状態に戻ります。

2 正解 ③

段落を選択し、[ホーム]タブの ③ を左クリックすると、段落の左端の位置が1文字分右側に字下げされます。② を左クリックすると、字下げした文字が1文字分左側に戻ります。① を左クリックすると、段落に箇条書きの書式が設定されます。

3　正解 ③

選択した文字を指定した文字数に割り当てるには、[ホーム]タブの ③ を左クリックします。① は、文字に色をつけるとき、② は、文字に派手な飾りをつけるときに使います。

第5章

1　正解 ②

列幅を変更するには、② にマウスポインターを移動して左右にドラッグします。③ を上下にドラッグすると、行の高さが変わります。また、① をドラッグすると表が移動します。

2　正解 ②

表を選択して ② の[テーブルデザイン]タブを左クリックすると、表のスタイルを指定できます。③ の[レイアウト]タブは、表に行や列を追加したり削除したりするときに使います。

3　正解 ②

表のセルの文字をセルの中央に配置するには、文字を選択して、[レイアウト]タブの ② を左クリックします。① を左クリックすると、文字がセルの上の中央に、③ を左クリックすると文字がセルの下の中央に揃います。

第6章

1　正解 ③

イラストの大きさを変更するには、イラストを選択すると表示される ③ のサイズ変更ハンドルをドラッグします。① の回転ハンドルをドラッグすると、イラストが回転します。外枠部分や中央部分をドラッグすると、イラストが移動します。

2　正解 ①

パソコンに保存した画像を追加するには、[挿入]タブの ① を左クリックし、[このデバイス...]を左クリックし、表示される画面で写真を選択します。② は、図形を描くときに使います。③ は、アイコン機能を利用してイラストを追加するときに使います。

3　正解 ②

画像の周囲を文字が回り込んで表示されるようにするには、画像を選択し、② を左クリックして[レイアウトオプション]の[文字列の折り返し]の位置を指定します。① をドラッグすると画像が回転します。③ をドラッグすると大きさを変更できます。

第7章

1　正解 ③

図形を追加するには、[挿入]タブの ③ を左クリックして描きたい図形の種類を選択します。① は、ワードのアイコン機能を利用してイラストを追加します。② は、パソコンに保存されている画像などを追加します。

2　正解 ②

ほとんどの図形では図形を選択して文字を入力することができます。既に入力している文字を修正するには、図形内の文字を左クリックして文字カーソルを表示して修正します。また、図形を右クリックすると表示されるメニューの[テキストの追加]や[テキストの編集]を左クリックすると、図形内に文字カーソルが表示されます。

3　正解 ②

図形を移動するには、図形を選択して、② の図形の外枠部分をドラッグします。① の回転ハンドルをドラッグすると図形が回転します。③ の調整ハンドルをドラッグすると、図形の形を変えられます。図形の種類によっては、③ の調整ハンドルは表示されません。

index

カバーデザイン	田邉 恵里香
本文デザイン	ライラック
DTP	五野上 恵美
編集	下山 航輝

技術評論社ホームページ　　https://gihyo.jp/book

■ **問い合わせについて**

本書の内容に関するご質問は、下記の宛先までFAXまたは
書面にてお送りください。 なお電話によるご質問、および
本書に記載されている内容以外の事柄に関するご質問には
お答えできかねます。 あらかじめご了承ください。

〒162-0846
新宿区市谷左内町 21-13
株式会社技術評論社　書籍編集部
「これからはじめる　ワードの本
[Office 2021/2019/Microsoft 365 対応版]」質問係
[FAX]　03-3513-6167
[URL]　https://book.gihyo.jp/116

なお、ご質問の際に記載いただいた個人情報は、ご質問の返答以外の
目的には使用いたしません。 また、ご質問の返答後は速やかに破棄させ
ていただきます。

これからはじめる　ワードの本
[Office 2021/2019/Microsoft 365 対応版]

2024年1月10日　初 版　第1刷発行

著　者	門脇 香奈子
発行者	片岡 巌
発行所	株式会社技術評論社
	東京都新宿区市谷左内町 21-13
	電話　03-3513-6150　販売促進部
	03-3513-6160　書籍編集部
印刷／製本	大日本印刷株式会社

ISBN978-4-297-13931-5 C3055
Printed in Japan